AF434488

Mirko Maccani

ESISTENZA NATURALE

Racconti dalla natura

◆

EDIZIONI WE

Fotografie di Andrea Avagnina

ISBN 979-12-5497-184-0

www.clickpertutti.com
www.edizioniwe.com
www.facebook.com/edizioniwe
www.instagram.com/edizioniwe
info@edizioniwe.com

PREFAZIONE
del Dott.Roberto Macario

Quando mi è stato chiesto di scrivere la prefazione dell'ultima fatica letteraria di Mirko, persona che ho conosciuto grazie a quel poderoso mezzo che è Internet e che da tempo posso annoverare tra gli amici (naturalisti, ma non solo) mi sono sentito onorato, ma anche pervaso da curiosità.

Il nuovo libro del Maccani, nonostante il suo stile di scrittura sia ormai inconfondibile, risulta ancora più piacevole da leggere perché ha sempre più la connotazione di una "chiacchierata davanti al camino". I ragionamenti (che sconfinano nella filosofia, la storia, oltre che nei vari aspetti della biologia), le informazioni, la divulgazione insomma, scorrono veloci e in maniera informale. Tra un dialogo coi suoi figli, un'esperienza diretta, un ricordo, una nozione ci si sente fortunati perché si "ascolta" un grande conoscitore della vita dei nostri boschi, una persona che non sai bene se prova più amore o curiosità quasi fanciullesca nei confronti di tutto quello che lo circonda.

Farsi portare nel bosco dai suoi racconti è di certo un bellissimo "ritorno" per un naturalista, ma è soprattutto un poderoso invito per chi ancora ha solamente la curiosità nei confronti del mondo naturale e non ha ancora infilato gli scarponi per andare alla ricerca di "vita selvatica".

Dott.Roberto Macario, medico veterinario
Autore del libro: Bird gardening

ESISTENZA
NATURALE

*Dedico questo libro
ai miei genitori
Irene e Renzo*

INTRODUZIONE

"Non puoi proteggere quello che non capisci. E non lo farai, se non ti importa."

Charles Lacy Veach

Cerco sempre di ricordare che io, nel bene e nel male (e anche su questi termini ci sarebbe da discutere), faccio parte della natura e dell'ecologia.

Spesso ci crediamo estranei: i padroni di tutto o spettatori casuali; siamo, invece, attori autoctoni che grazie alla dispersione, permessa dalla nostra tecnologia, arrivano ovunque. La nostra capacità di adattamento, ancora grazie alla tecnologia, ci permette di proliferare senza grandi ostacoli e raggiungere così, numeri poco sostenibili per l'ecologia del nostro pianeta. Siamo autoctoni in dispersione, ma spesso risultiamo essere come degli alloctoni invasivi.

Come specie siamo quasi privi di competitor o di predatori in grado di regolare la nostra crescita o almeno, lo siamo fino a quando un essere minuscolo, come un batterio o un virus, ci riporta con i piedi per terra.

Viviamo in posti sovraffollati, utilizziamo mezzi di locomozione capaci di distanze intercontinentali in brevissimo tempo, ma che ci strizzano come sardine, ci comportiamo come se dovessimo vivere stipati nelle scatolette di destinazione. Tutto questo, come sappiamo, agevola la diffusione degli agenti patogeni. Siamo dotati di consapevolezza anche se, in realtà, non siamo consapevoli di nulla e ce ne scordiamo, ci fa comodo scordarcene e, se è vero che tutti gli esseri viventi in ecologia hanno un ruolo, quello umano dovrebbe essere influenzato anche dalla conoscenza.

In quale modo? Con quale spirito? Con quale interesse, collettivo o personale? E l'etica? Altra peculiarità della nostra specie, come influenza il nostro ruolo?

Le scienze (con medicina e tecnologia) e l'avvento di società (sempre più grandi e complesse), come influenzano la nostra evoluzione, la selezione naturale e quella sessuale? Osservando la natura che mi circonda, ho cercato similitudini e dissimilarità con la nostra società.

In questo libro vorrei raccontarti alcune giornate nel bosco e non solo; i capitoli, molto diversi fra loro, per tema, periodo ed umore personale, rispecchiano la mia vita nella natura: avventure, osservazioni, ragionamenti e pensieri; da solo o con i miei figli. Ho cercato di alternare sezioni più leggere ad altre più complesse, per il tema trattato o per le mie riflessioni personali.

Così, è nato il mio personale romanzo naturale.

LA MIA IGNORANZA

"Le storie più errate sono quelle che pensiamo di conoscere meglio, e quindi non indaghiamo o poniamo in discussione."
Stephen Jay Gould

Mi sento così ricco quando sono in mezzo alla natura, nei boschi.

Non mi manca nulla di materiale eppure la natura mi fa anche sentire poverissimo, la vera povertà, quella da cui non scappi con una botta di culo vincendo alla lotteria o con il business del momento, quella miseria dalla quale fuggi solo con un serio e reale investimento di tempo dedicato allo studio; la povertà nell'ignorare. Mi chiedo quanta gente benestante, o che comunque vive in un paese industrializzato, si renda conto che esistono povertà meno percepibili ma ben visibili. Quella povertà viscida, che si sa travestire così bene da far passare opinioni personali, fake news e supposizioni per realtà; rendendoti in realtà peggiore di un ignorante, ovvero un ignorante che crede di sapere. Una volta, alcuni membri della società, quelli che io chiamo 'i frullatori', approfittavano dell'ignoranza altrui coltivandola e negando il valore dell'istruzione; oggi non possono più farlo, quindi si sono evoluti, ti lasciano studiare basta che non impari, o meglio, che non distingui la realtà dalle opinioni, quelle che ti vengono imboccate e spacciate per oggettività. Sei un cyborg programmato.

Lo noto spesso sai, nel mio campo ancora di più, mi accorgo di quante persone influenzate da un giornalismo interessato vengano facilmente convinte che le loro opinioni siano supportate dalla realtà; solo perché le hanno lette da qualche parte, senza aver controllato che quanto scritto derivi da un lavoro scientifico o da qualche furbastro cantastorie.

Una specie di circonvenzione di ignorante.

Il Metodo scientifico sembra sconosciuto o forse, viene relegato in qualche angolino da tirar fuori quando viene comodo. Nel bosco, scontrarsi con questo tipo di povertà è quotidiano; sono sempre circondato da cose che non conosco e che non capisco, ma è proprio questo ignorare, che stuzzica le persone curiose come me e le spinge verso l'informazione, basta saperla differenziare.

Quando sono nel bosco e osservo i miei figli durante le loro esplorazioni vengo sempre rapito dai loro dialoghi. I loro pensieri, le loro idee, i loro sogni, le loro congetture, così diverse dal me adulto eppure così famigliari. È come essere rapiti e catapultati nella propria infanzia, dove tutto era realizzabile grazie alla fantasia o ad un'ingenua speranza. Quando li sento parlare degli animali meno conosciuti, siano essi insetti, rettili o grandi predatori, le loro paure e la loro purezza si mescolano di continuo. Entrambe però, hanno radici nello stesso terreno, quello dell'ignoranza e delle fiabe, un terreno che alcuni individui non abbandoneranno mai. È un immenso peccato rimanere ignoranti, ma le scelte sono scelte e così, incontriamo ingenui e malinformati un po' dappertutto.

Tornando ai miei figli, succede alle volte che io li senta parlare di animali in modo errato, a causa delle letture o per i discorsi sentiti a scuola, per i giornali che si trovano a leggere o semplicemente per le chiacchiere che sentono al bar vicino a casa, dove capita che alcuni clienti discutano dei grandi carnivori o di altri animali; viviamo in una zona per così dire, *viva*. Non è semplice con i bambini trovare il giusto equilibrio nello spiegargli il rispetto che dovrebbero avere per ogni singolo animale, e mantenere quella sottile linea fra la paura e l'incoscienza.

Nell'ultimo periodo le discussioni più in voga sono quelle che parlano dei lupi e, vista la loro presenza nelle nostre zone, sono anche un argomento da bar. Oltre a quella che per me è un inutile paura, salvo rare o particolari situazioni (es. passeggiare con un cane libero dal guinzaglio che potrebbe essere inseguito fino ai proprietari), l'argomento più discusso è quello in cui si proclama che la zootecnia di montagna sia diventata insostenibile a causa del loro ritorno. In questi casi, mi piace ricordare ai miei interlocutori che la zootecnia e anche alcuni tipi di agricoltura, in montagna, non sono più sostenibili da decenni, da molto prima del ritorno del lupo; proprio per questo motivo, la mia regione (Trentino Alto Adige) sostiene entrambe con finanziamenti ed aiuti. Se queste categorie non sono più sostenibili è perché l'essere umano, non il lupo, non ha interesse a spendere due soldi in più per comprare un litro di latte, del formaggio, dei salumi, delle uova o altro, che provengano dalle malghe o dal contadino. La gente preferisce, o è costretta, a spendere poco e a recarsi comodamente al supermercato. Questa stessa gente finanzia con le tasse gli aiuti alle categorie ma poi compera pessima qualità, a basso costo, al discount. Questa è la realtà. Questi settori sono in crisi da prima, e non per il lupo.

Per i danni arrecati dai lupi, qui nella mia zona, si ricevono anche dei rimborsi. Inutili i piagnistei per i poveri animali sbranati dal lupo perché, per prima cosa, la maggior parte di questi animali verrebbe comunque uccisa e per seconda cosa, come dico sempre, ci sono mille modi per proteggere gli animali domestici prima del fucile, e anche per questo esistono dei finanziamenti. Basta volerlo. Ma quando fai le cose per hobby o senza cognizione di causa diventi un problema, e se quello che fai non è sostenibile, la colpa è della società; come lo è la scomparsa dei calzolai, degli arrotini, del casellante, dell'elettrauto che installava le autoradio, dei produttori di macchine da scrivere, eccetera.

Non è facile spiegare certe cose ai figli, le dinamiche e i contrasti, anche perché a scuola avranno compagni che a casa loro sentiranno un'altra storia, che per quei bambini sarà la bibbia. Ah sì, la bibbia, prima che la povera Eva ci condannasse a quest'umile vita, nel meraviglioso Eden, gli animali feroci e quelli mansueti vivevano pacificamente tutti insieme. Per fortuna Eva convinse Adamo a mangiare la mela, altrimenti ci saremmo giocati tutti i carnivori, i rettili, gli insettivori (anche quei poveri uccellini pucciosi), gran parte dei pesci e molti altri meravigliosi animali e addio piante, addio ossigeno, addio tutto. Ma torniamo alla realtà...

Osservo i miei figli e spesso vorrei strappargli quelle catene pesanti alle quali sono legati per colpa di una società piena di disinformazione mirata, ma l'unica cosa che posso fare è quella di avvisarli, di avvertirli che ogni informazione va presa da fonti sicure e che bisogna sempre studiare e poi ragionarci su. Ognuno tira l'acqua al proprio mulino, ma in ecologia non funziona così, va visto il quadro generale, non solo alcuni dettagli di comodo.

Vorrei vederli crescere consapevoli di questo, in futuro lo saranno in qualsiasi altro campo, ma è sempre l'approccio che conta. Non devi sapere tutto, ma devi almeno ricordare che c'è dell'altro. Mi piace osservare i miei figli mentre si arrampicano sugli alberi, mentre giocano con dei rami secchi o delle pigne, delle ghiande e delle foglie. Mi piace questo contatto con la natura, sentirla fra le mani, giocare con essa, vuol dire imparare a conoscerla. Che tipo di legno si piega, quale si spezza, a quale albero appartengono quelle foglie, a quale le diverse pigne? Loro giocano e imparano.

"Ragazzi dov'è il nord?"

Guardano il cielo, girano su loro stessi più volte.

"Il sole non si vede, dev'essere ancora dietro alle montagne." Mi dice Nicolas.

"Sì e poi ci sono gli alberi grandi, si vede poco il cielo." Incalza Ava.

"Se si fosse visto il sole sarebbe stato un po' troppo facile. Il sole potrebbe anche essere già tramontato e quindi che si fa?" Insisto.

"Usiamo la bussola." Dice ridendo Nicolas mentre la sfila dallo zaino.

"Lasciala lì. Ora vi insegno un trucco. Cercate un albero bello grande, se possibile uno senza troppi alberi vicini o intorno ad esso."

Dopo alcuni minuti sembra che si siano accordati sull'albero scelto.

"Questo va bene?" Chiedono in coro.

"Vediamo." Rispondo mentre ci giro intorno.

"Sì, va bene. Notate qualcosa?"

I bambini osservano l'albero dall'alto in basso e viceversa, poi lo guardano da diverse angolazioni e infine si arrendono.

"Ora guardate bene il tronco, è un bel tronco, quest'albero ha diversi anni. Ma cosa c'è su un lato e sull'altro no?"

"Il muschio!" Strilla Ava.

"Esatto, sul lato nord cresce il muschio. Per utilizzare questo trucco, dovete tenere presenti alcune cose: il nord è approssimativo e poi, dovete scegliere l'albero giusto. In una zona dove non c'è mai il sole ad esempio, rischiate di trovare muschio ovunque. Quindi cercate un albero che abbia abbastanza posto per essere raggiunto dal sole e poi, se è possibile, guardatene più di uno, magari un po' distanti fra loro, cosi riducete la possibilità di errore. Avete capito?"

Annuiscono entrambi.

"Ma è meglio avere una bussola." Ride Nicolas.

"Sì, la cosa migliore è sempre quella di essere bene attrezzati, ma bisogna sapersela cavare in ogni situazione. Comunque fra poco il sole apparirà e quindi avrò modo di farvi vedere un'altra cosa. Torniamo alla radura e portate con voi le pigne con cui giocavate."

Arrivati alla radura, gli faccio mettere le pigne su un vecchio ceppo.

"Che pigne sono ragazzi?"

"Sono di pino silvestre." Risponde Nic.

"Bravo e come vedete sono chiuse." Osservo il sole che finalmente ci ha raggiunti.

"Ora, io, il vecchio mago del bosco, ordino a queste pigne di aprirsi!"

I miei figli mi guardano stupiti e sghignazzano.

"Non si aprono papà! Sei più vecchio che mago."

"Avete ragione. Panini?"

Annuiscono con gioia e iniziano a cercare i panini nei rispettivi zaini. Mentre mangiano gli verso da bere e gli faccio alcune domande sulla natura che ci circonda. Fra spiegazioni, risate, un riposino post pranzo e qualche ricordo, il tempo vola come sempre.

"Su ragazzi, è ora di proseguire. Ci aspetta ancora un bel tratto di strada. Il sole è ormai bello alto e fa parecchio caldo. Zaini in spalla! Prendete le pigne e andiamo."

Ava dopo essersi messa lo zaino va a prendere le pigne.

"Papà! Sono aperte! Si sono aperte!"

"Siete voi che non credete che io sia un mago." Rido.

"Come hai fatto?!" Chiede Nicolas.

"Semplice, sono un mago! Scherzo dai, è stato il sole, ma ci
impiega un po' di tempo, ed è per questo che ho deciso di
farvi mangiare qui e di far passare un po' di tempo chiacchie-
rando. È la natura, se fa freddo e umido le pigne rimangono
chiuse e trattengono i semi, se fa caldo ed è asciutto, si aprono e fanno cadere i semi. Il sole le ha scaldate e asciugate."
"Niente magia allora."
"Giusto, niente magia Ava. È una cosa fisica, le cellule si
espandono o si restringono in base all'umidità e così si curvano o non si curvano le squame. Altra cosa, le pigne o coni, si chiamano strobili."
"Papà ma che senso ha fare cadere i semi quando c'è il sole? Non sarebbe meglio farli cadere quando è umido e piove? Così crescono."
"No. L'obiettivo della natura è diverso, è disperdere la specie, moltiplicarsi, ma non troppo vicino all'albero madre.
Se i semi cadessero quando piove, facilmente finirebbero
sotto terra vicino all'albero stesso; se invece c'è il sole, i semi avranno più tempo per essere spostati dal vento o da un
animale che passa, potranno rotolare lungo i pendii e così
via. Niente succede per caso in natura, sono adattamenti.
Ma prima di avere i semi ci vuole la fecondazione, questi
alberi hanno sia coni maschili che femminili, quelli maschili sono un po' diversi, più morbidi e cadono dopo poco tempo, quelli femminili invece maturano creando i semi in tre
anni. Bambini, ricordate una cosa, come diceva Nikolaas
Tinbergen, per capire la vita *si incomincia con il guardare
e con il meravigliarsi*'."

PENSIERI SUI SENTIMENTI

"Gli animali non devono essere valutati dall'uomo. In un mondo più vecchio e più completo del nostro essi si muovono compiutamente dotati di estensioni dei sensi che noi abbiamo perso o mai raggiunto, vivendo di voci che non udiremo mai. Essi non sono nostri pari, né nostri inferiori; sono altri esseri impigliati con noi nella rete della vita e del tempo, compagni di prigionia nello splendore e nel travaglio della terra."

Henry Betson nel suo libro Outermost House

Nelle tante attese nel bosco, mentre aspetto qualche animale in particolare o durante le semplici soste in cui osservo quello che mi circonda, la mente prende spesso strade inaspettate. Un giorno vidi un capriolo maschio che passeggiava brucando i vari germogli, avrà avuto tre o quattro anni. Era solo, come spesso succede ai caprioli maschi di quell'età, non era ancora il periodo degli amori. Orecchi e naso sull'attenti. In passato avevo già osservato altri animali solitari e mi ero chiesto come doveva essere la loro vita. Il capriolo maschio, come l'orso maschio adulto, è solitario ad eccezione del periodo riproduttivo.

Due animali diversi sotto molti aspetti: una preda ed un predatore praticamente in cima alla piramide alimentare anche se l'orso non è un vero e proprio predatore, almeno non nel modo in cui quasi tutti interpretano questo vocabolo.

Entrambi hanno uno stretto legame con la madre, che dura circa un anno per il capriolo (se maschio) e circa due per l'orso. Anni in cui la madre si prende cura di loro e gli insegna tutto ciò che c'è da sapere. L'orso ha spesso fratelli, nel capriolo i parti plurimi invece sono più rari. In molte specie animali la madre deve impegnarsi molto per allontanare i figli al momento opportuno, alle volte con modi che noi definiremmo bruschi. Cosa passerà nella testa di un capriolo o di un orso in quei momenti? È vero che, in taluni casi, è il richiamo della natura a farli allontanare e partire per nuove avventure, succede anche con animali sociali come i lupi; essi possono rimanere tutta la vita nel branco ma anche decidere (verso i due anni) di partire, abbandonando tutto e tutti: territorio e famiglia, per scoprire nuove aree e cercare una partner con cui fondare un nuovo branco.

Il mio pensiero di quel giorno però, non era rivolto agli animali sociali.

Mi interessava capire cosa cambia nella testa di coloro che diventano solitari dopo aver vissuto a lungo a contatto con la madre e con fratelli o sorelle. Quali ricordi conservano di quel periodo? Riconosceranno la madre o i fratelli in futuro? In passato ho letto alcune ricerche che documentano che ogni tanto, in alcune specie, questo può succedere.

Quel giorno mi chiesi come doveva essere quel tipo di solitudine, per logica questo sentimento non dovrebbe appartenere agli animali solitari.

Ci sono animali sociali che notano la perdita di un parente, compagno o membro del gruppo; questo accade non solo fra alcune specie di scimmie, anche tra gli elefanti ad esempio. Qui vorrei chiarire una cosa, quando parlo di animali sociali mi riferisco a quelle specie in cui la socialità è ristretta, fatta da pochi numeri e in gran parte da elementi familiari: lupi, leoni, ghepardi, elefanti, iene, licaoni, alcune specie di scimmie, eccetera, che possono, in base alla specie, avere clan matriarcali, patriarcali, con coppie alfa o ad animali con coppie monogame. Non mi riferisco quindi a insetti, banchi di pesci, stormi di uccelli e simili.

Sarà l'età che avanza, sarà colpa dell'incidente che ho subìto in montagna o forse è per il fatto di essere diventato padre un po' tardi, ma anche se adoro la solitudine e sono un asociale brontolone, gli affetti e i legami verso alcune persone sono diventati sempre più importanti. Sto vedendo zii, cugini e amici andarsene; da ragazzo ho perso degli amici in tragici incidenti stradali, ora le cause sono la vecchiaia e le malattie e questo fa un effetto diverso, la vita scappa in avanti e non lo vedo nello specchio, lo sento per le persone che perdo.

Osservo il capriolo e mi verrebbe voglia di invidiarlo: nessun legame, nessun amico, genitore, parente o compagna da piangere, nessuna paura di non esserci per i figli; poi ripenso a certi rapporti fra le elefantesse o fra certe coppie di uccelli e penso a cosa, inconsapevolmente, si perde il capriolo maschio. L'evoluzione ha prodotto un'incredibile varietà di comportamenti negli animali, puoi trovare soggetti monogami, adulteri, sociali e solitari all'interno della stessa classe, ma anche all'interno di un ordine o di una famiglia.

Spesso si discute della presenza o assenza di emozioni negli animali; io trovo assai triste l'idea di provare emozioni (altre, oltre alla paura) se poi si è privati della possibilità di condividerle con qualcuno. L'Interazione, così sviluppata in alcune specie e ridotta al solo periodo riproduttivo in altre (e non parlo di insetti o simili ma di mammiferi anche molto evoluti), dovrà pur avere una motivazione.

Le cince per esempio sono gregarie d'inverno (anche con altre specie), il motivo di questo atteggiamento è che all'interno di uno stormo è più facile reperire cibo o fuggire a possibili attacchi; ma poi in primavera, si formano le coppie e le cince diventano territoriali e si difendono anche da quei conspecifici con cui hanno passato tutto l'inverno.

Poi esistono gli animali eusociali, nei quali esiste un'incredibile cooperazione nella colonia, la suddivisione del lavoro svolto in caste ben determinate, e la riproduzione riservata a una sola o a pochissime femmine.

Anche la morfologia, in alcune specie, è ben distinta tra le classi sociali.

La cosa fantastica dell'evoluzione è che, come succede per molte cose (saper volare, vivere in acqua, deporre uova, eccetera), è giunta a un risultato simile in classi animali diverse, dagli insetti come le formiche, agli imenotteri e le termiti, ad un crostaceo (un gamberetto del genere Synalpheus filidigitus) a due specie di mammiferi l'Heterocephalus glaber (eterocefalo glabro) e Fukomys damarensis (ratto-talpa di Damara) ovvero due roditori, sono tutti animali sociali a dispetto delle classi. L'eterocefalo ha un'altra peculiarità, è eterotermo, ovvero a sangue freddo; come i rettili, gli anfibi e molti pesci. Quindi altra meraviglia dell'evoluzione.

Sono proprio questi adattamenti, che non guardano in faccia la classe di appartenenza, che adoro osservare e studiare; ad esempio un Armadillidium vulgare (onisco), un crostaceo e il Glomeris marginata (millepiedi a palla), un diplopode dei tracheata. Due subphyla diversi che hanno sviluppato in comune un sistema, l'appallottolarsi per difesa. E vogliamo non menzionare il pangolino? L'evoluzione ha reso possibile l'acciambellarsi pure a questo mammifero con le squame o al riccio con gli aculei! Adattamenti meravigliosi e convergenza evolutiva.

Torniamo però alle emozioni ed escludiamo da esse la paura.

Le emozioni, quelle più complesse, le possiamo notare in cuccioli e adulti di molte specie sociali (escludo gli artropodi) ma anche in cuccioli di specie non sociali. Per me, è stato più facile osservarle in mammiferi e uccelli locali. Scrutare due giovani faine giocare è un po' come vedere dei piccoli di volpe o di lupo. La differenza è che la faina non è un animale sociale, ed il loro territorio confina sempre con un animale dell'altro sesso. La volpe idem, non è sociale come i lupi, anche se spesso vive in coppia e ogni tanto con le figlie; mentre i figli maschi quando raggiungono l'anno di età, o alle volte molto prima, vanno alla ricerca di un nuovo territorio.

Nei lupi la vita è sociale, il branco è composto dai figli, dai fratelli e sorelle e ogni tanto anche da qualche estraneo, se è ben accetto dal gruppo. Anche qui alcuni figli, sia femmine che maschi possono abbandonare il branco in cerca di un partner e nuovo territori. Nel gioco di questi cuccioli è impossibile negare che vi siano le emozioni. Lo sfidarsi, il rincorrersi, cercare il contatto fisico durante il riposo, il curiosare in giro, spesso tutti insieme, con il soggetto più sfacciato davanti e i più timidi alle sue spalle.

Mi ha sempre stupito, e fatto pensare, come alcune specie una volta adulte si trasformino in solitarie. Ho osservato per molto tempo i tassi, animali sociali con una ricca varietà di vocalizzazioni ed interazioni fra i soggetti del clan. Giocano, si divertono, litigano, si coccolano, si spulciano e collaborano nella costruzione della tana. Le emozioni che provano e gli umori che vivono sono chiari. Sono certo che un tasso solitario starebbe male e mi chiedo quindi cosa passi per la testa del lupo che vaga alla ricerca del futuro partner, o di un lupo che perde il suo compagno storico per una malattia, un incidente o altro, dopo una vita insieme. Più osservo gli animali del bosco, più mi rendo conto che dotare un animale solitario di così tante emozioni non avrebbe senso. L'evoluzione è adattamento e non solo fisico, a mio parere.

Anche se, è tutto molto più complesso di così.

I tassi, così socievoli, sono comunque in grado di uccidere i cuccioli di un sottoposto per evitare che venga a mancare il suo ruolo di helper (aiutante) nell'accudire la prole della femmina dominante. Quindi emozioni sì, chi ne ha più e chi meno, l'umore pure, in base alla specie, ma ovviamente, nessuna etica.

LA TRASMISSIONE CULTURALE

"L'uomo è una corda annodata fra l'animale e il Superuomo, una corda tesa sopra un abisso. Un pericoloso andare dall'altra parte, un pericoloso metà cammino, un pericoloso guardarsi indietro, un pericoloso rabbrividire a star fermi. Ciò che v'è di grande nell'uomo, è che egli è un ponte e non uno scopo: ciò che si può amare nell'uomo, è che egli è un passaggio e una caduta."

Nietzsche

Molte specie animali trasmettono ai figli, ma non solo, le loro esperienze, abitudini e il loro sapere. Lo trasmettono volontariamente e inconsapevolmente con il loro modo di fare. Questo apprendimento è più comune in quelle specie che sono sociali e in quelle in cui i piccoli passano un periodo abbastanza lungo con i genitori o con la madre. Ci sono anche esempi di pura imitazione fra conspecifici (e non solo fra loro).

La vita degli animali è una fonte incredibile e continua di informazioni nuove, dove gli uni possono apprendere dagli altri; l'insieme di questi scambi è chiamato trasmissione culturale.

Individui della stessa specie che vivono in zone diverse o non hanno vissuto le stesse esperienze, si possono comportare in modo differente. Non è una trasmissione genetica, è un sapere che conduce a comportamenti precisi e specializzati da parte di alcuni individui, che potranno risultare più adatti sotto qualche aspetto, rispetto ad altri soggetti della stessa specie: piccole diversità fisiche, motorie, nella riproduzione o nella capacità di sopravvivenza. Esistono animali che, nella stessa specie, si cibano di alimenti diversi, predano animali diversi, utilizzano tecniche di caccia diverse, in base alle proprie esperienze e alle tecniche acquisite da genitori e conspecifici. Tutto questo condurrà l'evoluzione genetica in una direzione differente.

Si può quindi dire che i comportamenti culturali possono, nel tempo, far convogliare le specie verso una selezione naturale, favorendo alcune linee genetiche. Proprio questa capacità di trasmettere cultura non va dimenticata quando si parla di animali che noi definiremmo 'problematici'. Ho detto spesso che gli animali sono opportunisti e che quindi imparano velocemente i vantaggi che si hanno a frequentare le zone nelle vicinanze degli esseri umani: case, stalle, cortili, discariche. A tal punto che alcuni decidono di vivere lì, diventando nostri concittadini: colombi, passeri, ricci e faine, o addirittura il topo domestico e ogni tanto ghiri e pipistrelli. L'alimentazione facilitata dagli scarti urbani, l'agricoltura e gli animali domestici incustoditi, sono come un ristorante self-service gratuito per volpi, cinghiali, lupi, orsi, gabbiani, eccetera; e l'emulazione è garantita. Tutto questo condurrà lentamente a una società animale la cui cultura sarà sempre più sfrontata. Chi è che non ha visto i passeri o i colombi al bar rubare il cibo dai tavolini con le persone ancora sedute?

Ricordo una volta in cui dei gabbiani a Minorca mi rubarono la cena dal tavolo e se ne infischiarono delle mie sbracciate. Ho visto spesso le volpi mangiare dalle ciotole di gatti e cani nel vicinato e molti anni fa (all'inizio del progetto Life Ursus), un orso rovistare nel mio bidone dell'immondizia. Fatto che mi portò, già all'epoca, a rinchiudere il bidone dei rifiuti in una struttura irraggiungibile per l'orso.

Volpi, uccelli, lupi, orsi, sono tutti animali che ereditano dai genitori o dalla madre molti comportamenti.

Questo non lo dovremmo mai dimenticare, dobbiamo fare il possibile per dissuadere certi comportamenti; che non vuol dire sparare a zero, ma nemmeno permettere tutto. La convivenza sarebbe più facile e possibile quanto più gli si insegna a stare lontani dalle zone a rischio per noi e per loro, aree in cui il pericolo di scontri è garantito.

Gli animali devono poter apprendere che restare lontani dai centri abitati e dagli animali domestici li aiuterà nella conservazione della loro specie. Un animale che diventa troppo confidente o aggressivo è un problema, che viene moltiplicato se si tratta di una femmina. A cui si aggiunge l'onere della formazione dei piccoli che imparano per emulazione.

Anche una coppia di lupi a capo di un branco (composto quasi sempre da una o più cucciolate) può influenzare nello stesso modo i futuri lupi e branchi. Se si specializzano a cacciare comode pecore senza avere più timore delle case vicine, quest'abitudine verrà trasmessa.

Chiariamo: questo non vuol dire abbattiamo tutti, ma bisogna rendergli la vita difficile. Sta a noi utilizzare i bidoni dei rifiuti anti orso, sta a noi utilizzare alveari anti predazione e proteggerli, sta sempre a noi proteggere gli animali domestici con stalle, pastori, cani da guardiania e proteggere le varie colture.

Se tutto questo venisse fatto, molti animali rinuncerebbero ad avvicinarsi; e se qualcuno dovesse ancora risultare problematico, si potrebbe passare a metodi più drastici. In alcune zone del mondo, gli animali confidenti e recidivi, che si avvicinano troppo alle abitazioni, vengono inizialmente allontanati da personale qualificato con proiettili di gomma e solo dopo, se anche questo tentativo non conducesse a risultati positivi, si passa al prelievo del soggetto. Eliminare un animale confidenziale o pericoloso non è solo una salvezza per l'uomo, ma semplifica e permette la conservazione della specie stessa. Un animale non confidenziale evita più facilmente l'uomo. L'animale impara così (o torna così) a vedere l'uomo come qualcuno da evitare.

Noi invece, dobbiamo ricordare che i grandi predatori non sono dei peluches e vanno rispettati in tutti i sensi, a 360°. L'essere umano nei confronti degli altri animali può essere predatore, preda, competitor, bracconiere, ranger antibracconaggio o semplice coinquilino della natura.

Ma l'equilibrio non è facile da trovare, nemmeno per chi cerca di tutelarli e proteggerli. In un mondo in cui gli habitat non sono più quelli di una volta, dove l'urbanizzazione, l'antropizzazione e la forte presenza umana (per lavoro o per turismo) non permettono più una gestione che era possibile in un lontano o recente passato, tutto è più difficile. Dobbiamo evolvere e adattarci alla realtà, accettando il fatto, come è già successo in altre zone del mondo, con altri grandi predatori, che prelevare un soggetto pericoloso è la salvaguardia della specie stessa.

IL TORNACONTO DELLE SCELTE

"La vita non è altro che una serie di rischi calcolati."

George Schaller

È sempre una guerra fra i miei ricordi e il presente, fra la nostalgia di un lontano passato e i sogni che volevo e spero di realizzare, fra la tristezza per qualcosa che non c'è più e la paura di non esserci in futuro.

Sento e poi osservo due mani che si stringono, una grande e l'altra piccina, la mia mente gioca, spazia per mezzo secolo e la mia mano è una volta l'una ogni tanto l'altra, mi sento stringere e poi stringo.

"Occhio qui si scivola, non calpestare le radici se sono bagnate."

La voce che risuona ogni tanto è la mia, altre volte sembra quella di mio padre; i profumi però, sono sempre gli stessi e sono loro a scaraventarmi nel passato e a farmi sentire sospeso fra due tempi. Cambia anche l'odore del mio compagno di viaggio; mio padre sapeva di tabacco, caffè e sudore, di sera dopo il lavoro si aggiungeva l'odore di benzina perché gestiva un distributore. I bambini secondo me non hanno odore e con mio grande stupore sembrano non sudare; una volta smessi i pannolini, mi sembrano neutri.

Nicolas mi chiede la mano solo quando affrontiamo tratti molto impegnativi, spesso la rifiuta. C'è stato un periodo in cui la esigeva spesso, è stato dopo la mia caduta nella forcella. Pensavo che quell'incidente avesse segnato solo me, invece nel primo periodo post caduta Nicolas aveva un rinnovato rispetto per le discese e di notte dormiva male. Osservare per più di un'ora l'elicottero che mi cercava e vedere la barella con cui mi tiravano su, non dev'essere stato facile per lui. Ava era troppo piccola per comprendere, lui invece, aveva già visto insieme a me il soccorso alpino recuperare delle persone e sapeva che non sempre l'incidente aveva un lieto fine.

È bello veder crescere i propri figli, vederli diventare ragazzini, accompagnarli nel bosco, rispondere ai loro dubbi, domande e sogni. Per tenerci allenati, i giorni in cui abbiamo poco tempo, facciamo un percorso di due ore che conosciamo oramai a memoria. Per Nicolas questo tragitto che anni fa era difficile e lunghissimo è diventato ora una semplice passeggiata e spesso me lo fa notare.
"Papà, ce la faccio da solo!". Lo chiama *Babyleicht*, un gioco da neonati.
Peccato che poi, quando prendi le cose sottogamba spesso finisce male, ed è proprio questo uno degli equilibri che cerco di fargli mantenere, quello fra la paura e l'incoscienza.
È sempre una questione di equilibrio, me ne rendo conto quando osservo la natura e l'ecologia in generale, soprattutto le tracce degli animali, la mia vera passione. Per parlare di un dato equilibrio devo però prenderla molto larga e inizierò dall'etica e dalle predazioni. La nostra etica e ripeto, nostra, non fa parte della natura, dell'ecologia, l'etica è il risultato della nostra cultura, in natura non esiste e anche nel nostro mondo umano, cambia di volta in volta in base alle culture e soprattutto alle religioni. Questo serve per far capire che nel mio modo di vedere le cose, la predazione rimane una cosa naturale, sempre. Altra cosa che vorrei mettere in chiaro è che per me, una predazione rimane tale a prescindere dal regno di appartenenza, che sia Animalia o

Plantae. So che per molte persone equiparare gli animali alle piante può apparire sbagliato, ma per me non lo è. Sono tutti esseri viventi e per quanto mi riguarda, anche se la nostra conoscenza è solo agli inizi (sui sensi delle piante), diversi studi mi fanno ricredere su molti preconcetti e pregiudizi. Alcuni ricercatori stanno scoprendo moltissime cose interessanti e non fanno altro che ricordarmi di come in passato avessimo sottovalutato i sensi degli altri esseri animali, nonostante avessero una struttura molto simile alla nostra. Ma l'uomo è cosi, più un essere vivente è lontano dalla sua immagine, meno lo conosce e più viene sminuito in tutte le sue capacità cognitive. Quindi se ci sbarazzassimo dell'etica (filosofia morale umana) e della discriminazione dei regni (distinzione fatta sempre da noi umani) ci resta una predazione ai danni di un altro essere vivente. Per questo motivo non differenzio le varie predazioni. L'evoluzione ha portato a far cambiare in modo molto differente le prede. Un essere vivente che non può scappare, come un vegetale, si è adeguato distribuendo i suoi organi in tutto il corpo, o su una vasta superficie di esso, questo gli permetterà di sopravvivere qualora una parte importante di esso venisse predata. E poi hanno altre protezioni: spine, aculei, sapore amaro, tossicità, eccetera. Gli animali, che hanno il vantaggio di potersi muovere, si sono evoluti anatomicamente in un modo diverso: hanno degli organi ben distinti, localizzati e protetti da diverse strategie. Ora ci avviciniamo all'equilibrio di cui vi volevo parlare, dobbiamo solo ricordarci quanto accennato, che la predazione non è solo quella animale-animale e che così, salvo pochissimi predatori alfa, tutti gli altri esseri viventi possono essere sia predatori che prede. L'equilibrio che prenderemo in considerazione e che mi ha sempre attratto, è quello degli animali mammiferi che marcano il territorio. Dal capriolo al lupo, dalla faina al cervo, dalla volpe all'orso, dal tasso alla lepre, tutti lo fanno. Lo fanno con l'urina, le fatte, con segnali visivi e con ghiandole olfattive, con il pelo e con i versi. Lo scopo è la comunicazione con l'altro sesso ma anche un avviso ai rivali. Tutte queste comunicazioni sono tracce che molti esseri umani nemmeno notano, in realtà sono segnali intraspecifici chiarissimi, che hanno lo svantaggio di essere indizi interspecifici. La fatta o l'urina di un capriolo viene percepita anche dal predatore, lo stesso vale per le tracce ormonali lasciate dalle diverse ghiandole. Questo equilibrio fra il 'voglio farmi notare' e 'spero di non essere notato' esiste o è solo una mia fantasia? Ogni animale valuta sempre accuratamente il rapporto costi-benefici, il consumo di energie e i rischi che corre per nutrirsi e credo lo valuti anche rilasciando questi segnali. È difficile valutare ed analizzare questa cosa, sono anni che osservo questi comportamenti e cerco di trovare delle conferme. Non ci sono dubbi se prendiamo in considerazione i predatori o quegli animali che difficilmente saranno prede, in tal caso la loro presenza viene fatta notare palesemente: lupi, orsi, volpi e mustelidi, dal più grande il tasso, al più piccolo la donnola, le marcature sono sempre ben visibili. Molti di loro posizionano gli escrementi in bella vista su pietre o ceppi, alcuni rilasciano delle feci acri e ricche di ormoni, le si possono notare facilmente tutto l'anno. Gli orsi invece, lasciano segni chiari anche con le unghie. Anche le ghiandole: ormonali, caudali, interdigitali, eccetera, vengono utilizzate per marcare il territorio.

Per la donnola, con le sue piccole dimensioni, gli uccelli rapaci sono il pericolo numero uno, ma visto che non è il fiuto il senso migliore di questi predatori, lei non si preoccupa minimamente di lasciare le fatte in bella vista. Il tornaconto è a suo vantaggio, avvisa i conspecifici della propria presenza, sia i pari sesso che i possibili partner, ma non avvisa chi le dà la caccia.

Se invece osserviamo i mammiferi, che sono prede di altri mammiferi, le cose cambiano. Un esempio può essere il capriolo, l'erbivoro che ho osservato di più nella mia zona, un po' per la loro importante presenza e un po' perché non è difficile da osservare. Per prima cosa le loro fatte non vengono depositate in luoghi rialzati, hanno un odore tenue, e si nota facilmente la differenza fra i due sessi nel marcare il territorio. Se nei lupi per esempio sono entrambi a marcare il territorio, nei caprioli le cose vanno un po' diversamente. Riguardo ai lupi apro una piccola parentesi, al contrario dei cani in cui la posizione durante la minzione è ben distinta fra i due sessi, nei lupi non è sempre così. Sembra dipenda molto dallo scopo della minzione, nei casi di una marcatura entrambi i sessi possono sollevare la zampa per bagnare un oggetto rialzato e non è affatto raro vedere, al contrario delle aspettative, i maschi urinare accovacciati. Torniamo ai caprioli, il maschio lascia molti più segni visivi e odorosi della sua presenza, fra raspate (segni e odori lasciati con le zampe e le ghiandole), fregoni (segni e odori lasciati su arbusti e giovani alberi con il proprio palco e le ghiandole) e segni puramente ormonali (strofinando il muso su tronchi). Questi segnali conspecifici vengono rilasciati quasi tutto l'anno. Da marzo a metà maggio con la pulitura dei palchi, durante la fase gerarchica che va da febbraio a maggio e quella territoriale da maggio a luglio, in luglio e agosto con il periodo degli amori, in cui la fase territoriale va scemando. Raspate e segnali ormonali, come lo strofinamento di muso, ne ho visti e filmati quasi tutto l'anno. Le femmine invece lasciano meno marcature, nel periodo pre parto scelgono un posto tranquillo ricco di sottobosco e anche se non accettano volentieri la presenza di altre femmine (spesso si parla di comportamento territoriale) non sono stati rinvenuti segni di marcatura a questo scopo. Altra cosa particolare, è che entrambi i sessi rilasciano una scia odorosa tramite le ghiandole interdigitali delle zampe posteriori, durante tutto l'anno. Questa scia odorosa è probabilmente una marcatura utile per riconoscere i sentieri più usati ed è individuabile sia dai conspecifici che dai predatori. Interessante invece è che queste ghiandole siano più attive in inverno e che nonostante siano presenti fin dalla nascita, nei cuccioli inizino a produrre secreto solo dopo il secondo mese, è sicuramente un meccanismo di difesa contro i predatori. Penso che queste differenze fra le marcature tra i sessi delle prede sia proprio dovuto al fatto di ottenere tornaconti diversi. Per i maschi il rischio di essere individuati da un predatore è controbilanciato dal fatto che la territorialità e la gerarchia sono fondamentali per aumentare la sua possibilità di riprodursi, le femmine invece hanno più interesse a salvaguardare la nuova generazione, che passerà con lei molto tempo. Questa differenza vale per tutte le specie di mammiferi che sono principalmente prede? Era una delle domande che mi stavo ponendo da un bel po' sugli animali dei boschi nelle mie zone. Caprioli e cervi sono abbastanza simili, cambiano i periodi della pulitura e della caduta del palco (ottobre/novembre/dicembre nei caprioli, febbraio/marzo/aprile nei cervi, in base all'età), il periodo degli amori (settembre/ottobre per i cervi, luglio/agosto per i caprioli) e la pulitura dei palchi (agosto per il cervo adulto, marzo/maggio in base all'età per i caprioli). I cervi nel periodo dell'amore, grazie al bramito sono ancor più facili da individuare, anche l'abbaio (scrocchio) dei caprioli (in questo caso di entrambi i sessi) viene sentito dai predatori. Lo scrocchio viene utilizzato come avviso di pericolo durante l'anno, ma può anche essere utilizzato dai maschi nella fase territoriale, in tal caso torna il discorso del tornaconto, l'essere udito da eventuali predatori passa in secondo piano, conta chiarire l'appartenenza al territorio. Cosa fanno invece le lepri? Le lepri le ho osservate meno e con più difficoltà, e ho trovato anche poche ricerche a riguardo. La cosa che risalta di più è sicuramente il loro comportamento nel periodo degli amori. Questo periodo varia molto in base alla latitudine e al clima e va da gennaio a ottobre. Nelle mie zone ha il culmine in primavera ed inizio estate. Le lepri, che sono territoriali, non hanno percorsi abitudinari come i caprioli e questo è probabilmente un sistema di difesa. Il territorio viene difeso dai maschi nel periodo riproduttivo con violente lotte e non è raro trovare ciuffi di pelo durante le passeggiate; morsi e forti zampate sono all'ordine del giorno. In questo periodo la loro attenzione rispetto ai predatori si abbassa, anche rispetto agli altri pericoli; infatti, questo è il periodo dell'anno in cui aumentano le morti causate dalle auto che li investono, avvenimento questo che hanno in comune con altre specie. Anche i camosci, come i caprioli, hanno una vita sociale che cambia in base all'età, alla stagione e al sesso. Le femmine passano gran parte della loro vita in gruppo composto principalmente da femmine con i cuccioli e qualche giovane maschio (al massimo subadulto). I maschi adulti invece vivono solitari o in piccoli gruppi di maschi instabili, i subadulti invece sono sempre in piccoli gruppi che variano anche in base alla densità sul territorio. Tutti questi raggruppamenti sociali si modificano in base alla stagione e alla forte separazione sessuale. Anche nei camosci c'è un comportamento molto diverso fra i due sessi, meno appariscente nelle femmine, più vistoso, specialmente nel periodo degli amori (novembre/dicembre), nei maschi. Basti pensare al Body shake praticato dai maschi, pratica in cui scuotono il proprio corpo mentre urinano per impregnare il proprio corpo di ormoni, o all'Horning e al Marking: nel primo caso incornano rami e arbusti (simile ai fregoni del capriolo) e nel secondo si strofinano sui ramoscelli per marcare con gli ormoni il territorio. Tutti questi comportamenti li rendono più rintracciabili ai predatori. Non ho molte altre esperienze e osservazioni a riguardo, ma quello di cui sono certo è che ogni azione sia calcolata e valutata in base al proprio tornaconto, sia la ricerca di cibo che i rischi messi in gioco per territorialità e riproduzione: gerarchie comportamentali.

OGNI TANTO...

"Noi siamo un evento evolutivo estremamente improbabile."
Stephen Jay Gould

Ogni tanto mi chiedo se alcune persone non vogliano accettare che l'essere umano faccia parte della natura e della sua ecologia. Non discuto il fatto che spesso influenzi in malo modo l'ecologia, ma anch'egli ha un ruolo come tutti gli altri esseri viventi. Ripeto ruolo non scopo, se non quello personale se parliamo di esseri umani, mentre invece la natura non crea qualcosa con uno scopo ma per un insieme di adattamenti.

Lo scopo degli esseri viventi, è quello di avere un'ottima capacità di successo riproduttivo del proprio genotipo che gli permetterà di avere una buona quantità di discendenti e di trasmettere i propri geni che conduce alla sopravvivenza della specie. Due sono quindi gli aspetti fondamentali nella vita di un organismo: sopravvivere e riprodursi.

Il ruolo invece, è la funzione svolta da un organismo animale/vegetale nell'ecosistema che lo ospita. Dalla notte dei tempi facciamo parte dell'ecologia di questo pianeta, evolvendo e cambiando nicchia ecologica (ovvero lo spazio occupato da una specie all'interno del proprio habitat. Abitudini e relazioni trofiche). In natura alcuni fattori, climatici per esempio, hanno agevolato o ostacolato molti organismi viventi. Molti si sono estinti e altri hanno per così dire, dominato la terra; ma tutti erano sempre in competizione, per il territorio e gli alimenti, fra prede e predatori (sia fra animali, ma anche fra animali e piante) e fra competitor per lo stesso nutrimento o territorio. Ancora oggi possiamo vedere alcune specie di animali, spesso invertebrati ma anche micro mammiferi, che a periodi abbastanza ciclici raggiungono numeri notevoli e poi calano bruscamente. Questi cali possono essere dovuti alla, da loro stessi provocata, riduzione di spazio e cibo o dalla diffusione di malattie, causata dal sovraffollamento della specie o da annate di pasciona. Tutto questo non esclude e non escluderà l'essere umano, il quale se arriverà a numeri che il pianeta non riuscirà più a sostenere farà la stessa fine. Argomento a parte è quello degli alloctoni, ovvero gli animali e le piante che sono arrivati in un territorio non per lenta dispersione ma a causa dell'uomo. Questi animali trovandosi in un habitat totalmente estraneo possono morire velocemente ma anche sopravvivere e, quando non trovano competitor e predatori, si moltiplicano in modo tale da diventare invasivi, spesso conducendo alla scomparsa di specie locali impreparate alla loro presenza. Visto che facciamo parte dell'ecologia, dovremmo anche saperci posizionare nella piramide ecologica; non siamo di certo produttori (come le piante), siamo consumatori, onnivori che spaziano su diversi livelli e che arrivano tanto in alto da essere in gara con i consumatori terziari (quelli che si cibano sia di erbivori che di carnivori, come i leoni, coccodrilli, lupi, squali, aquile, eccetera).

In passato siamo stati in competizione per il territorio e per gli alimenti con questi predatori Alpha ed eravamo prede e predatori di essi. Gli equilibri li ha spostati il nostro ingegno. Abbiamo imparato a proteggerci, a fare il fuoco, a costruire armi. L'invenzione della polvere da sparo ha cambiato definitivamente le carte in tavola e ha estinto molte specie animali o le ha portate a numeri vicini all'estinzione. Anche la diminuzione e la frammentazione degli habitat a causa di agricoltura, zootecnia e industria, sta causando gravi problemi e ha provocato molte estinzioni. Ma l'essere umano sta anche cercando di rimediare ad alcuni suoi errori, tutelando molte specie, regolando la caccia, istituendo parchi naturali e pianificando e attuando progetti di reintroduzione di specie localmente estinte. Questi progetti non sono mai semplici. Le cause possono essere diverse: il territorio nell'arco di decenni e secoli può cambiare, la specie liberata potrebbe non arrivare ad un numero che permetta l'auto-sostentamento, potrebbero esserci problemi di genetica (inbreeding) e molto altro, come la contrarietà e la diffidenza degli abitanti locali, specialmente nel caso di grandi carnivori, che non va mai trascurata. Se però il progetto dovesse andare a buon fine e l'animale inserito dovesse trovarsi bene potrebbe succedere un'altra cosa. Riportare equilibrio non è così semplice come spesso si crede e se parliamo di un predatore alfa che non trova nessun competitor cosa potrebbe succedere? Se quel suo competitor, che dalla notte dei tempi era l'unico antagonista improvvisamente decide di tirarsi fuori dai giochi? Succede che l'animale non troverà più i suoi naturali equilibri, ma quel che è peggio, è che finirà per avere comportamenti controproducenti. Se realmente vogliamo una convivenza, dobbiamo abituare questi grandi carnivori ad avere rispetto dell'essere umano, a temerlo al punto giusto. Se prendiamo in considerazioni le zone del mondo dove essi sono ancora presenti, e non reintrodotti, sono zone dove la caccia è sempre esistita, dove ora è regolamentata in modo accurato, dove gli habitat sono relativamente estesi e dove si cerca di mantenerli, zone in cui gli animali non sono diventati troppo confidenziali e se lo diventano si trovano davanti a contromisure adeguate. Un grande carnivoro non dev'essere sinantropico.

LA PREDA NON PREDA

"Oh, cazzo, un altro phylum nuovo."

Simon Conway Morris,
durante lo studio dei fossili di Burgess

Questa è una situazione per la quale ho troppa poca casistica e per la quale non so se mai avrò il tempo e la possibilità di fare una ricerca approfondita. Mi servirebbe molto tempo da dedicare solo a quest'osservazione (avvenuta in inverno, importante ricordarsi il periodo), per di più andrebbe ripetuta in posti diversi. Però mi ha incuriosito molto e ho deciso di parlarne.

Come al solito farò un giro lungo per arrivare al punto, ma è l'unico modo per spiegare il mio ragionamento su questa osservazione.

Esistono due principali tecniche di caccia, c'è l'attesa e la ricerca. L'animale di cui vi parlo oggi pratica la seconda e lo possiamo individuare sia a terra che arrampicato sugli alberi o altre strutture. Ma prima di svelare il nostro misterioso predatore, facciamo una deviazione. I predatori che praticano la ricerca quando individuano la preda cercano di avvicinarsi senza essere visti fino alla distanza per loro congeniale. Infatti, c'è differenza fra chi punta sullo scatto, come leoni o ghepardi, o chi invece insegue la preda per molto tempo puntando sulla resistenza, tipo i licaoni. In tutti i casi però, ci sono comportamenti tipici della preda, comportamenti che la fanno individuare e interessare, ma anche che la rendono riconoscibile come tale. Per molti predatori uno di questi comportamenti è la fuga; motivo per il quale anche il cane domestico è più propenso a mordere se vi vede scappare. Anche in natura la fuga, rispetto ad alcuni grandi predatori è sconsigliata, spesso provoca una reazione anche in quei soggetti che stando fermi non avrebbero attaccato. Questo tentativo di fuga è portato all'estremo nella sindrome da pollaio, dove gli animali in pericolo, privati di una reale possibilità di fuga, continuano a correre all'impazzata intorno al predatore che così li uccide tutti. La teoria di questo surplus killing (che in natura è raro) viene ricercata nella motivazione di una strategia adattativa ottimale nel bilancio fra energia spesa e ottenuta. Nei pollai e nei recinti troppo stretti, situazione anomala, secondo me si aggiunge anche una reazione continua ad un'azione. Tu scappi e io ti predo.

Altra parentesi, molti predatori sono anche spazzini, molti abituali, altri occasionali. Questa caratteristica è importante per il mio ragionamento, a cui arrivo.

L'animale di queste mie osservazioni è la faina, Martes foina, mustelide di medie dimensioni molto simile alla martora, Martes martes. Questa specie nella mia zona è molto presente e l'ho osservata diverse volte. Per un periodo avevo cercato anche di capire il motivo del loro consumo e rigurgito continuo di bacche di Viscum album. Nella maggior parte dei casi però, l'ho osservata nel suo vagabondare alla ricerca di cibo.

La faina fa parte dei carnivori, ma ha una dieta onnivora. Insieme al tasso è il mustelide locale con la dieta più variegata; mentre martore, ermellini e donnole sono prevalentemente carnivori.

La faina l'ho scrutata mentre cercava di predare i pulli dai miei nidi artificiali per piccoli passeriformi e mi ha costretto a cambiarne la costruzione. L'ho osservata mentre tentava di predare le mie quaglie e mi ha fatto rinnovare il loro pollaio e la loro voliera. L'ho filmata mentre mi rubava i cachi e i lamponi e predava i pulli di merlo da un nido nella siepe, e anche mentre mangiava la mia lavanda. L'ho sorpresa mentre mangiava more nel bosco. Insomma, un bel peperino sempre indaffarato a cercare cibo.

Durante un inverno morì una quaglia e decisi di lasciarla nel bosco che confina con il mio giardino per vedere quale spazzino se ne sarebbe appropriato. In passato, quando trovavo carogne nel bosco installavo la fototrappola per vedere chi se ne sarebbe nutrito e oltre ai vari insetti ed artropodi, gli attori presenti erano spesso: volpi, corvidi vari, la faina alcune volte ed il tasso raramente.

Torniamo però alla mia quaglia e all'inverno. Prendo la quaglia morta, la posiziono davanti ad una delle due fototrappole storiche che ho sul confine tra il mio giardino ed il bosco e aspetto. Quelle fototrappole hanno filmato le faine e le volpi centinaia se non migliaia di volte ed ero curioso di vedere chi avrebbe cenato con la quaglia. Le faine da anni visitavano giornalmente il mio giardino ed essendo animali territoriali sono quasi sempre gli stessi individui; se l'animale territoriale è una femmina, può darsi che in tarda primavera ed estate sia accompagnata dai cuccioli, se invece è un maschio può avere compagnia o scontri con conspecifici nel periodo degli amori, in base al sesso che incontra.

Le faine hanno delle macchie gulari bianche, con forme e chiazze che sono diverse da individuo a individuo e questo mi permette l'identificazione anche dei soggetti.

Dopo quattro giorni la volpe non era ancora passata e la faina? La faina era passata quasi ogni notte. La prima sera, era a circa due metri, ha visto la quaglia e con un grande salto all'indietro è fuggita. Pensavo tornasse, invece quella sera non si è più fatta vedere. La sera seguente era in zona, ma ha fatto un giro diverso, è passata sul sentiero vicino (quello meno diretto al giardino, ripreso dall'altra fototrappola) che normalmente evita essendo più esposto alla luce artificiale. Sul filmato si vede comunque come osserva la quaglia morta. Dopo questi due filmati ho iniziato a chiedermi cosa ci vedesse in una quaglia morta e come la interpretasse. Un uccello morto non ha la tipica forma di un uccello vivo, nemmeno di un uccello che dorme, ma è un uccello disteso su un fianco. Poi mi sono detto: la faina non è proprio un animale spazzino quindi ci può stare. Il giorno seguente, di notte, passa la volpe, anch'essa dal video è riconoscibile come la volpe di zona. Coda, orecchie e struttura in genere mi permettono di riconoscerla con certezza. Anch'essa si avvicina sul sentiero più usato dagli animali selvatici e si ferma a circa due metri. La scruta, l'annusa e se ne va. Non ci potevo credere. Arriva l'alba e alla quaglia si avvicina uno scoiattolo, che risulta più curioso e coraggioso, si ferma a meno di 10 cm e sembra che l'annusi. Anche lui però se ne va e per finire la giornata in bellezza, un merlo atterra direttamente sopra la quaglia per poi allontanarsi saltellando. Strani questi predatori mi dico, pure uno spazzino come la volpe rifiuta la quaglia, lo scoiattolo e il merlo invece fanno solo casistica di contorno. Nella mia testa però iniziano a farsi strada diversi quesiti.

Passano altri due giorni. Prima osservazione interessante, una cinciallegra (Parus major) atterra vicino, si avvicina, le salta sopra e per pochi secondi cerca qualcosa fra le piume della quaglia ma poi si allontana. Secondo video, la faina questa volta si avvicina, le salta quasi sopra, si siede per un attimo lì vicino, toccandola con la coda e poi si allontana. Ancora nessuna vera interazione fra i carnivori e la carcassa. Passano altri tre giorni e diversi animali.

Torna lo scoiattolo che sembra annusare la quaglia ma niente di più, poi torna due volte la volpe e in entrambi i casi resta a circa un metro, annusa, osserva, non si avvicina e va via. Torna più volte anche la cinciallegra, che saltella sulla quaglia e cerca qualcosa fra le piume. Più interessante della cinciallegra è l'arrivo di una ghiandaia, sono abbastanza sicuro che la perquisisca, ma nulla, anche lei la snobba. L'ultimo uccello che trovo nei video è una femmina di fringuello, che saltellando le si avvicina, sembra in modo inconsapevole, visto che quando la nota scappa improvvisamente. L'animale che non mi aspettavo di vedere arriva di notte e per ultimo, è una capriola, fiuta la quaglia, ispezionandola e se ne va. Passa anche il giorno seguente, sempre di notte, ma sembra consapevole dell'esperienza della sera prima e passa senza annusare. Altro giorno, passa un gatto domestico, annusa e prosegue, di notte torna la faina, ma passa a quasi due metri dalla quaglia.

Quello a cui ho pensato già dai primi video della prima notte, era che una quaglia morta non trasmetteva nessuno stimolo ai predatori e che senza questo non veniva data la risposta riflessa. Lo stimolo avrebbe dovuto essere la sagoma della quaglia, che però in tali condizioni mancava. Un uccello morto e disteso, non ha la forma di un uccello e quindi non richiede una risposta, anche incondizionata. Pavlov su questa correlazione fra stimolo e risposta ha scritto molto nelle sue ricerche.

Credo quindi che la forma sia per molti predatori il primo stimolo, solo successivamente entrano in gioco altri stimoli come le reazioni di paura e la fuga ma non solo.

Quello che viene chiamato modulo comportamentale e che è dato da tutti quei comportamenti: suoni, movimenti, posizioni assunte, mimica facciale, che trasmettono dei segnali, possono provocare nel destinatario una risposta comportamentale.

Questi stimoli sono per me anche la causa delle predazioni in eccesso, situazioni che come ho già detto sono molto rare in natura, ma che invece si ripetono spesso con animali domestici rinchiusi da steccati o in gabbia. Lo scompiglio creato dalle continue fughe, che in fin dei conti non sono fughe, vista la situazione, induce i predatori a predare tutti gli animali fino all'ultimo, anche se non ce ne sarebbe bisogno. Il solo risparmio di energia (calorie) nel rapporto sforzo/prede catturate non può bastare per spiegare questi casi. Lo spiega invece, il tentativo di appagamento dell'istinto predatorio dopo uno stimolo ben preciso che si ripete in modo anomalo e che non è comune in natura. La situazione frenetica e il caos continuo sono pari al buttare benzina sul fuoco acceso; a ciò si aggiunge il fatto che questo genere di predazioni non segue il classico gioco delle parti, ostacolando così l'appagamento predatorio.

Ma se è vero che non c'è stimolo per i classici predatori d'agguato, sia d'attesa che di ricerca, cosa blocca gli spazzini? Tornai in giardino a recuperare i filmati dell'ultima settimana e con mio stupore, dopo un mese e venti giorni, qualcuno aveva portato via la quaglia.

Dire che ero agitato come un bambino alla vigilia di Natale è dir poco. Osservo immediatamente la zona, controllo che non sia stata solo spostata di qualche metro, cerco piume e altre tracce ma nulla. Così, con il fiato di un maratoneta e le mani tremanti di un anziano, inserisco la scheda nell'adattatore per il telefono, mi appoggio allo steccato e aspetto si carichino i videoclip. Prima clip, nuovamente una cinciallegra, seconda clip la volpe.

Questa volta si avvicina con cautela annusando l'aria, un

passo alla volta, annusa, ascolta, osserva la fototrappola, infine si decide, afferra la quaglia per una zampa, la solleva,
l'avvicina a sé, l'appoggia nuovamente a terra, l'afferra meglio, un'ultima occhiata alla situazione e se ne va lentamente. La volpe torna venti minuti dopo a controllare se per caso non ne avesse dimenticata un'altra. Al mattino uno scoiattolo si presenta sul posto e annusa tutta la zona, non so se
sentisse la presenza della volpe o l'odore della carcassa.
50 giorni di osservazioni, 50 giorni di punti interrogativi,
che sicuramente non finiranno oggi. Ho pensato a molte cose e sono sicuro che mi verranno in mente altre possibili in-
terpretazioni.
Come ho detto all'inizio del capitolo, la stagione, inverno,
credo sia fondamentale.
Sono sicuro che un animale morto non trasmetta gli stimoli
giusti per far scattare l'istinto predatorio. Un uccello steso,
perde molto della sua forma caratteristica e credo che un
corpo in quella posizione, provochi un'azione simile a quella causata nel mimetismo disruptivo dai forti colori, spesso
a strisce che spezzano la tipica forma dell'animale, renden-
dolo così, sia molto criptico che strano. La seconda osservazione è quella che per 50 giorni è stata snobbata anche
dagli spazzini, ma proprio qui entra in ballo la stagione.
Siamo in inverno con temperature che sono costanti intorno
allo 0 e questo ha rallentato la decomposizione e minimiz-
zato l'odore dell'animale morto. A quest'ipotesi la conferma
arriva dal fatto che non appena sono salite le temperature a febbraio, la volpe l'ha scovata. Certo, in inverno sono
molte le carcasse di cui si nutrono diversi animali, ma nella
mia piccola esperienza quasi sempre sono scovate da corvidi, che si fidano meno del fiuto e molto della loro vista. Notare un camoscio o un capriolo morto nella neve è sicura-

mente più facile che trovare una quaglia fra le foglie in un bosco o giardino. In primavera, con l'aumento delle temperature o lo scioglimento della neve, una carogna è facile da individuare. Infatti, molti ungulati morti in inverno, per cadute, valanghe e altro, sono un alimento prezioso per molti animali, dall'orso che esce dal letargo, ai lupi a molti altri spazzini. L'aumento delle temperature aiuta tantissimo gli spazzini che si affidano all'olfatto.

La neve ha funto da congelatore, conservando molto bene i nutrimenti per tutti coloro che hanno passato l'inverno in ibernazione o che hanno comunque rallentato fortemente le loro attività. Non è un caso che i lupi nel nord seguono i corvi in inverno, dall'alto questi ultimi possono vedere le carcasse che i lupi non riescono a fiutare tanto facilmente. I lupi che di norma non sono spazzini, in inverno in particolare non rinunciano a un pasto già pronto e i corvi sono ottime vedette (Nella mente del corvo di Bernd Heinrich). Ho deciso che se in primavera dovesse morire un'altra quaglia riproporrò lo sperimento.

Questa indecisione, paura o forse sorpresa da parte degli animali sembra non succedere con un'altra opportunità, abbastanza diffusa nei giardini delle nostre case e motivo di confronto con un amico. Le ciotole dei nostri animali domestici. Ciotole che, non mi stancherò mai di ricordare, andrebbero tolte non appena il gatto/cane ha finito di mangiare.

Però, a guardare bene, ci accorgiamo che questi alimenti introvabili, sia per forma che spesso per contenuto in natura, sono ormai abbastanza tipici e riconosciuti dai vari animali selvatici. Il fatto che vengano proposti tutto l'anno, quindi anche a temperature miti e che vengano portati all'esterno ad una temperatura standard, favorisce il diffondersi degli odori. Oltre a questo, una volta assaggiati e piaciuti, la routine fa il resto. Solito posto, solite scodelle, aggiungiamo il fatto che molti animali sono abitudinari e il mistero è risolto. Anche la faina che forse è la più sospettosa e che non sopporta volentieri i cambiamenti, una volta riconosciuta una nuova ciotola come sicura e come facente parte dell'inventario del luogo, le si avvicinerà ogni sera per controllare se c'è qualcosa da scroccare. Anche ricci e altri animali non devono assolutamente abituarsi al cibo nelle ciotole perché un animale selvatico non andrebbe mai foraggiato (ad eccezione degli uccellini in inverno seguendo, comunque, procedure specifiche).

CIBO, DENTI, CICLO DIGESTIVO E VOILÀ: LA FATTA

"Non si può muovere un fiore senza turbare una stella."
Francis Thompson

Riconoscere gli escrementi a molte persone potrà sembrare poco interessante, eppure, sono la prova schiacciante della presenza di un preciso animale in una zona. Ma prima, li devi saper riconoscere.

Potrai capire all'incirca da quanto tempo è passato l'animale, di alcune specie potrai capirne il sesso e se sei bravo capisci anche di cosa si sta nutrendo e molto altro. Le fatte non sono altro che il risultato di una digestione e di una masticazione, e qui si apre un mondo fantastico sull'anatomia animale e sulla loro evoluzione ricca di adattamenti.

Rimaniamo nell'ambito delle fatte, una delle chiacchierate più lunghe e interessanti (almeno per me) con mio figlio riguardava quelle di lepre e di camoscio.

Entrambe possono essere sferiche, qui apro una parentesi, spesso si legge che quelle di lepre si differenziano fra tonde-maschio e ovali-femmina, bene io non ho trovato nulla di scientifico a riguardo, solo racconti simili a quelli sul tasso canino e tasso porcino; in cui pare che il nostro povero tasso, in base alla stagione e al suo peso-forma, veniva scambiato per due specie diverse.

La stessa teoria della forma viene riciclata per gli escrementi del camoscio. Ho visto e osservato un'infinità di fatte, di entrambe le specie e non ho trovato un solo motivo sicuro per il quale queste due specie possano avere forme leggermente diverse in base al sesso. Nel cervo invece, la teoria pare assodata.

La prima volta che mostrai le feci di camoscio a Nicolas, le scambiò per quelle di lepre e non potevo fargliene una colpa, si assomigliano veramente molto.

"Cosa mangia la lepre?" Gli chiesi.

"Erbe, fiori, frutta, castagne, germogli, corteccia di alcuni arbusti."

"E il camoscio?"

"Erba, fiori, l'inverno germogli di cespugli e alberi, muschio, licheni, erba secca."

"Abbastanza simili dai, non c'è un abisso."

"Un po' si assomigliano papà."

"Che dentatura hanno?"

"Mi fai fare sempre dei giri immensi per arrivare a una risposta."

"Rispondimi dai..."

"La lepre ha una dentatura abbastanza simile ai roditori anche se non appartiene a quell'ordine e, infatti, è dotata di incisivi superiori doppi. Il camoscio è, invece, un erbivoro ruminante con una dentatura completamente differente."

"Bene. Gli incisivi sono decisamente diversi e il camoscio li ha solo inferiori. I premolari e i molari invece, nonostante la loro diversità, si sono evoluti in entrambi per triturare e sminuzzare anche il materiale vegetale più duro. Quelli del camoscio sono selenodonti, quelli della lepre non ricordo, forse lofodonti come i roditori, ma ad entrambi permettono una masticazione laterale. E la digestione quindi? Cambia?"

"La lepre è un lagomorfo e ha una digestione strana, una doppia digestione."

"Sì, la ciecotrofia. Pratica una digestione particolare grazie all'intestino cieco molto grande che ha una speciale flora batterica, gli permette anche la digestione della cellulosa. Le feci della lepre e di tutti i lagomorfi sono di due tipi. Le prime prodotte sono quelle 'molli' (dette ciecotrofo, su cui hanno lavorato i batteri simbionti) che vengono mangiate consentendo un successivo assorbimento delle sostanze nutritive e quindi la produzione di quelle finali (dure). E il camoscio?"

"Ma che schifo, alla fine si mangia la cacca! Il camoscio è un ruminante quindi il cibo passa per le quattro camere dello stomaco."

"Non solo, prendi con le pinze quello che ti dico ora, perché potrei sbagliarmi in alcune cose, ma se la memoria non mi frega, funziona circa così: i ruminanti ingoiano quasi senza masticare, qualche ora dopo aver mangiato la sostanza viene riportata nel cavo orale dove viene masticata finemente e mescolata con la saliva. Poi torna nel rumine (primo prestomaco) e qui, batteri, funghi e protozoi cellulosolitici iniziano a demolire le fibre vegetali. Poi passa nel secondo prestomaco (reticolo), qui avviene una fermentazione (lieviti e batteri) e un rimescolamento e anche una cernita in cui un po' alla volta, le parti più fine possono proseguire nel terzo prestomaco (omaso) il resto torna nel rumine. L'omaso ha il compito di assorbire i liquidi di fermentazione e di trasportare il resto al vero stomaco, l'abomaso. Lì, la parte fermentata e ancora indigesta, viene lavorata dai succhi gastrici, come avviene a noi e negli altri animali monogastrici, dopo di che la sostanza digerita arriva all'intestino tenue per un'altra fase di assorbimento. Tutto questo è riferito ad un animale ruminante svezzato, per i lattanti è un po' diverso, visto che si nutrono di latte. I ruminanti lattanti, hanno un apparato digestivo in sviluppo, con prestomaci molto piccoli e un grande abomaso, il latte grazie alla doccia esofagea (un canale) arriva direttamente all'abomaso. Poi crescendo, la camera più grande sarà il rumine. Questa fase di adattamento è lo svezzamento, durante la quale ci sono anche molti altri cambiamenti."

"Complicata la cosa. Ora però tutta questa storia deve avere un senso giusto?"

"Ovvio, dimmelo tu."

Nic mi guarda con quella faccia di chi pensa 'non poteva dirmelo e basta.'

"Il camoscio fa molte più palline."

"Questo è vero, e ne deposita anche molte in un singolo posto, la lepre le sparpaglia di più, ne fa alcune poi si sposta. Il coniglio invece fa mucchietti più abbondanti. Ma non era questo che volevo sentire dopo la lezione sugli stomaci. Se guardi bene le fatte di lepre e camoscio, noterai che la sostanza vegetale è lavorata in modo diverso. È molto più lavorata e fine nel camoscio. Quelle di capriolo ancor di più, sono composte da una sostanza ancor più fine. Il capriolo e l'alce sono selezionatori di cibo concentrato e sono brucatori; mufloni, pecore e vacche sono pascolatori e mangiano erba e foraggi grezzi. Cervo, camoscio, stambecco, daino e capra sono intermedi e sanno adattarsi a quello che offre l'ambiente e la stagione, passando così da brucatori a pascolatori e il contrario in base alle esigenze. Queste diete diverse sono anche dovute alle dimensioni dissimili del loro rumine e portano anche a ritmi alimentari diversi. Il capriolo ha un rumine piccolo con ritmi alimentari alti, il cervo e il camoscio hanno rumine medio e ritmi alimentari medi, lo stambecco ha un rumine medio/grande e ritmi alimentari medi, il muflone ha rumine grande e ritmi alimentari medio bassi. E..."

"Papà."

"Cosa?"

"Quindi?"

"Ci stavo arrivando. Osserva la 'pasta' della fatta e pensa a cosa mangiano e come digeriscono. Facile no?"

"Insomma."

"Ci farai l'occhio."

Queste chiacchierate sono di norma molto più lunghe e spezzettate e dove non arriva la mia pessima memoria per quanto riguarda i vari termini ci vengono in aiuto Google nel bosco e i libri a casa.

UN CAMOSCIO, IL SUO CORTEGGIAMENTO E LE MIE CONQUISTE.

"Il fatto che alcuni geni siano stati derisi in passato non implica che tutti coloro che vengono derisi siano geni. Risero di Colombo, risero di Fulton, risero dei fratelli Wright. Ma risero anche di Bozo il clown."

Carl Sagan

Era una bellissima giornata di novembre, nel pieno periodo degli amori dei Rupicapra rupicapra. Seduto su un tronco stavo osservando con il binocolo un bellissimo camoscio maschio in salute che stava praticando il Body shake. Tale comportamento di dominanza consiste nello scuotere la parte posteriore del corpo con veemenza mentre urinano, questo impregna il pelo dei suoi ormoni e oltre ad essere un segnale visivo diventa anche olfattivo. Nel regno animale di questi comportamenti ce ne sono veramente molti, dai più comuni come lo sfilare fianco a fianco di due grossi cervi o il bramito, entrambi combattimenti ritualizzati per tentare di evitare il ben più pericoloso prendersi a palcate o a testate, tipico degli stambecchi, a quelli magari meno conosciuti come il mettersi in mostra in un lek (arena), dove diversi galli Forcello, ognuno all'interno del suo spazio, ma tutti in stretta vicinanza, danno il meglio di sé, saltando, svolazzando ed emettendo il loro richiamo d'amore. Ad ali aperte e con qualche piccola scaramuccia cercano di farsi notare dalle femmine che li osservano durante le varie esibizioni per poi decidere quale maschio preferire.

Situazioni similari le si trovano anche tra i pesci o gli anfibi, tra gli insetti e in altre classi e phyla. Sono moltissimi i casi in cui i maschi si confrontano e il vincitore si propone alle femmine, che hanno comunque l'ultima parola, anche se ogni tanto succede che vengano prese contro la loro volontà. Lo splendido camoscio che osservo ha circa sette o otto anni, mi ha fatto pensare alla selezione naturale che è strettamente legata alla selezione sessuale, un legame a cui mi risulta difficile trovare il confine. La selezione naturale è spiegata, in breve, in quella selezione che l'ambiente crea all'interno di una specie specifica. Piccole diversità che rendono un individuo all'interno della propria specie più adatto a una precisa situazione ambientale e che favoriscono la sua sopravvivenza e riproduzione, questo porterà così a un progressivo aumento di quel particolare genoma all'interno della specie.

Charles Darwin lo spiegò cosi:
"La conservazione delle differenze e variazioni individuali favorevoli e la distruzione di quelle nocive sono state da me chiamate 'selezione naturale' o 'sopravvivenza del più adatto'. Le variazioni che non sono né utili né nocive non saranno influenzate dalla selezione naturale, e rimarranno allo stato di elementi fluttuanti, come si può osservare in certe specie polimorfe, o infine, si fisseranno, per cause dipendenti dalla natura dell'organismo e da quella delle condizioni." C. Darwin, L'origine della specie 1869

La selezione sessuale invece è un meccanismo evolutivo che viene influenzato dalla scelta sessuale. Le femmine scelgono il maschio in base a molte caratteristiche. Possono essere i colori, come succede spesso con gli uccelli e i pesci, nella forza dei maschi, nella loro masse corporea che allontana i rivali, nella grandezza dei palchi e corna, nella capacità di costruire tane e nidi, nella capacità di cantare, nella resistenza fisica in prove incredibili. Ma tutte queste caratteristiche e dimostrazioni, che in realtà sono moltissime e diversificate, servono alle femmine per valutare e infine scegliere i maschi con il genoma migliore per i propri futuri figli (ci sono alcune eccezioni, a ruoli invertiti). Oppure un manto più lucido, dei colori più vivaci, un bramito più forte, degli scontri vinti, sono la riprova di maschi in salute e forti. Una garanzia per le femmine.

Darwin lo spiega così:
"La selezione sessuale dipende dal successo di certi individui sopra altri dello stesso sesso in relazione alla propagazione della specie, mentre la selezione naturale dipende dal successo di entrambi i sessi, a tutte le età, in relazione alle condizione generali di vita. La lotta sessuale è di due specie, una è la lotta tra individui dello stesso sesso, generalmente maschi, onde allontanare o uccidere i rivali, mentre le femmine rimangono passive; l'altra è pure tra individui dello stesso sesso per attrarre od eccitare quelli del sesso opposto, e qui le femmine non son passive, ma scelgono il compagno più piacevole. Quest'ultima specie di selezione è intimamente analoga alla scelta che l'uomo fa inconsapevolmente, ma efficacemente, tra i suoi prodotti domestici quando, per un tempo lungo, continua a scegliere gli individui più attraenti e più utili, pur senza alcun desiderio cosciente di modificare la specie." C. Darwin The descent of man, and selection in relaction to sex. 1871.

Pensando a queste due selezioni non potevo non pensare al palco dei cervi e alla famosa coda dei pavoni. Entrambe le caratteristiche sono simboli sessuali, mettono in chiaro lo status del maschio, età, vigoria, salute. Eppure, entrambe hanno anche aspetti negativi. Un palco troppo grande, oltre al peso è un intralcio all'interno del bosco, così come una coda enorme complica il volo. La selezione sessuale ha sviluppato queste caratteristiche e le spingerà fino a quando non diverranno un carattere negativo per la selezione naturale.

Durante il periodo degli amori i camosci maschi hanno due tipi di comportamento ben diversi. In alcuni casi restano in un piccolo territorio nel quale cercano di attrarre e trattenere un gruppetto di femmine di passaggio e sembrano quasi territoriali; nell'altro caso sono loro che vanno alla ricerca dei gruppetti di femmine.

Il maschio che osservavo sembrava fare parte del primo gruppo, continuava a girovagare in un piccolissimo territorio, forse un centinaio di metri quadrati, dal mio punto di vista era un attendista e se fosse stato umano avrebbe fatto parte dei fatalisti.

Io, distratto dai pensieri, continuavo a rimuginare sulla selezione sessuale. Ricordavo che non sempre la scelta delle femmine cadeva sui maschi che sembravano più forti e sani, c'erano anche altri aspetti. Una ricerca della University of California su dei guppy (Poecilia reticulata) aveva portato a dei risultati interessanti in tal senso. Questi piccoli pesci dell'America centrale, che vivono in molti corsi d'acqua di Trinidad e che sono diventati molto comuni nei nostri acquari, sono variopinti e riconoscibili. In natura però, questi pesci hanno colori che cambiano in base al fiume di appartenenza, sono il risultato di isolate selezione sessuali; così, può succedere che in un ramo di un fiume i maschi abbiano una colorazione con macchie particolari e in un altro fiume ramo dello stesso fiume i maschi abbiano un pattern (dispo-

sizione e combinazione di macchie e colori) diverso. L'esperimento consisteva nel prelevare alcune femmine vergini e alcuni maschi da diverse zone e tenerli in acquari separati ma con la possibilità di vedersi. I maschi di entrambi i gruppi hanno messo in mostra i loro colori e messo in atto il loro corteggiamento senza avere però la possibilità di accoppiarsi. Successivamente, hanno isolato una femmina con due maschi rivali, un maschio originario della zona della femmina e uno 'straniero', con colorazioni atipiche. Questo terzetto è stato ripetuto molte volte e le femmine hanno scelto nel 75% dei casi il maschio per così dire, esotico. In questo esperimento si dà valore all'effetto della rarità del maschio, al particolare che lo rende unico. Questo occhio di riguardo per le particolarità non riguarda solo il mondo dei pesci, lo si è notato anche in alcuni insetti. Le motivazioni non sono chiare, forse è per evitare l'inbreeding (ripetuti incroci fra consanguinei) ma forse ha ragione Menno Schilthuizen quando, riguardo all'ecologia evolutiva si pensava: "dove non esiste un solo optimum nell'evoluzione della specie e dove i maschi di una specie si adattano alla metà femminile e viceversa, portando così entrambi i sessi al tentativo di raggiungere obiettivi che sono perciò sempre in continuo movimento e diventano pertanto la causa stessa che garantisce un continuo moto evolutivo. Il genoma viene continuamente rimescolato, con caratteristiche dei due adattamenti reciprochi ottenendo una complessità ulteriore che viene passata dunque di generazione in generazione" e riferendosi alla selezione sessuale lui disse: "La selezione sessuale rappresenta dunque l'acme del dinamismo evolutivo, ed è quindi molto più complessa e difficile da prevedere rispetto alla selezione naturale."
Varie simulazioni hanno però fatto notare che questo fascino

dello straniero ha una ciclicità. La scelta delle femmine per l'esemplare esotico porterà dopo varie generazioni a renderlo comune e di conseguenza il vecchio pattern che in passato era comune diverrà ora il maschio raro. La ricerca dei geni migliori (maschi rari) per i propri figli, che avranno così più sex appeal per le femmine, porterà di conseguenza ad una fluttuazione dei geni che inducono le femmine alla ricerca della rarità. Tutto molto complesso per chi si cimenta per la prima volta in questa materia, ma spero di essere stato comunque abbastanza chiaro.

In natura però, lo sappiamo, ci sono le eccezioni. Ogni tanto nascono animali albini, leucistici, melanici o melanotici e in base alla classe, all'ordine, al genere, eccetera, possono anche essere rifiutati, esclusi o allontanati dal gruppo o dalla famiglia. L'effetto rarità è in certi casi negativo.

Fra un pensiero e l'altro controllavo il camoscio, imperterrito e in bella mostra, solo qualche decina di metri più in alto.

Come ho detto, la scelta del partner nel regno animale è molto accurata e ha come obiettivo garantire buoni geni alla discendenza e mentre osservavo quello splendido camoscio che mi ricorda il ragazzo che si mette in mostra al bancone di un bar, con petto in fuori e spalle dritte non potevo non pensare e cercare possibili similitudini fra noi esseri umani e gli altri animali. Inizialmente ho preso in esame i primati, anzi, le scimmie antropomorfe, scimpanzé, bonobo, gorilla e oranghi che hanno organizzazioni sociali molto diverse e già con loro, incominciava la confusione nella mia testa. Confusione che aumentava rispetto agli animali molto più lontani da noi: lupi, orsi, caprioli, cervi, volpi, corvi, arvicole, faine, tassi, cince; solo per rimanere ad alcuni degli animali presenti in questo bosco. Cercavo dei parametri comuni nella scelta dei partner, ma non facevo altro che inoltrarmi in una selva che dire oscura è un eufemismo. Cercavo di elencare le varie peculiarità che uomini e donne valutano nell'altro sesso. Mi sentivo una pallina in un flipper. Nei ricordi risuonavano frasi tipo: "è un buon partito", "è una brava ragazza", "è un uomo premuroso", "ama i bambini", "è bellissima/o", "ha un fisico statuario", "ha una buona posizione" e chi più ne ha più ne metta. Io, che ho studiato etologia a tempo perso, di psicologia umana non ho letto quasi nulla e forse è il motivo per il quale spesso o quasi sempre non mi capisco, figuriamoci se capisco gli altri. Però mi incuriosiva cercare questo, sempre che ci fosse, comune denominatore con gli altri animali; comunque, per raffreddare la testa, decisi di tornare a osservare il camoscio.

Speravo passassero alcune femmine, volevo vederlo all'opera con i suoi possibili corteggiamenti ritualizzati. Vederlo nell'Head up, quando tutto orgoglioso si avvicina da tergo alla femmina con la testa alta, mostra la sua splendida gola chiara; o quando arriccia il labbro superiore (Lip-curl) dopo aver annusato l'urina della femmina per capire se è disposta all'accoppiamento. Ma ancora nulla all'orizzonte né per lui né per i miei pensieri.

Se nei restanti animali la priorità è garantire un futuro ai discendenti grazie a dei geni migliori, nel nostro caso invece io avevo molta confusione. Sì, per noi non è così facile giudicare la qualità genetica solo osservando l'altro sesso (quali qualità poi?), è anche vero che l'etica e la cultura sociale (nelle loro varie forme) nel nostro caso hanno complicato il tutto. La scienza con la medicina ci inganna, sembriamo sani e forti anche quando non lo siamo, e poi cosa intendiamo con il garantire un buon futuro ai nostri discendenti? Un buon genoma? Sappiamo, grazie alla scienza, che si possono ereditare alcune malattie e in molti casi si fanno dei test specifici prima di decidere di diventare genitori, altre volte è troppo tardi, in ogni caso non sono parametri che vanno presi in considerazione al momento della scelta del partner. Noi osserviamo molte altre cose, tipo: mi piace esteticamente, mi è simpatica/o, è intelligente, è premurosa/o, ha un buon lavoro, cucina bene, è romantica/o, fino al: è famosa/o, è potente, è della mia religione, è ricca/o e molto altro, o semplicemente ci innamoriamo senza capirne il motivo o convinti di averlo capito.

Durante il mio viaggio fra i pensieri ingarbugliati venni distratto dai rumori che provenivano dalla zona del camoscio. Cercavo il binocolo augurandomi di vedere un bel gruppetto di femmine ma non appena lo misi a fuoco vidi un altro giovane maschio scappare probabilmente scacciato dal residente. Lui tutto tronfio tornò nel suo territorio, emettendo grugniti con naso e bocca, chiamati Rut call, che sono segnali uditivi sia verso i potenziali rivali, ma anche (non in questo caso) verso le femmine che stanno tentando di lasciare il gruppo. Non vedendo femmine all'orizzonte, tornai ai miei pensieri e mi chiesi: quanto dev'essere cambiato il nostro giudizio nel tempo e quanto sono cambiati i parametri e le variabili. Quello che si ricerca oggi in un partner, non solo nel senso estetico, è molto diverso da ciò che si cercava 100.000, 10.000, 1000 o anche solo 100 anni fa. Questa selezione sessuale ha portato in passato a dei cambiamenti, ma lo fa tutt'ora? Cosa può influenzare geneticamente i nostri figli? Sport, dieta, tingersi i capelli, il trucco, la chirurgia plastica… che caos! Cosa non si fa per piacere, ma lo si fa per piacere a se stessi o agli altri? E se per tutti questi sforzi alla fine vieni scelto, cosa di tutto questo si tramanda ai figli? Geneticamente, non in modo emulativo. Mi esplodeva la testa.

Di tutti i nostri parametri nella scelta dei partner, cosa può garantire un genoma migliore ai nostri figli? Per quanto mi riguarda, anche se lo scoprissi ora, sarebbe tardi, oramai li ho fatti, e dentro di me sorrido dandomi dell'incosciente avventuriero.

Certo, come scritto in precedenza un parametro è la salute, per la quale come ho detto prima non ci si può fidare di un semplice sguardo. Altro parametro è l'intelligenza, la si può valutare conoscendo bene una persona ma spesso viene confusa con la cultura o il sapere. Cose che per me sono tutt'altro. Studiando si perde l'ignoranza ma l'intelligenza intrinseca sta nel DNA, a mio parere; è altrettanto vero che se uno è intelligente cercherà di perdere la sua ignoranza, ma non tutti e non in tutto il mondo si ha la fortuna di poter studiare o di poter vivere dove esiste un buon sistema di formazione.

Tornai al mio binocolo, avevo sentito altri rumori, ma non vedevo nulla, ero seduto da tre ore e iniziavo ad avere sete, mi versai del tè caldo e presi dallo zaino anche qualche biscotto, erano le 11.00, avevo anche un po' di fame.

Non riuscivo a pensare, era un argomento troppo complicato per me e in più ero distratto dal possibile arrivo delle femmine. Di una cosa però ero certo, nel nostro caso la selezione sessuale si deve essere un po' azzoppata oggigiorno e si valutano molte altre cose in realtà, la decisione di fare figli, passa in secondo piano rispetto alla decisione di "con chi voglio passare la mia vita?" Prima, nella norma, si forma la coppia, per molti altri motivi, e solo dopo, forse, si pensa a fare figli. In tal caso, la scelta non può essere basata sul genoma migliore ma su quello che hai imparato dalle scelte precedenti. In altri casi purtroppo, i figli sono solo un inconveniente frutto del sesso occasionale e anche in quel caso il miglior genoma non era la motivazione. Etica, cultura, situazioni particolari, sicurezza economica, puro divertimento, eccetera, quanti fattori in noi influenzano molto di più che l'originale motivazione della selezione sessuale.

Mentre il vapore del tè caldo mi annebbiava la vista, un altro pensiero sopraggiunse nei miei ragionamenti. Se la selezione sessuale è zoppa, com'è la selezione naturale? Appoggiai il tè e respirai profondamente. Non avevo voglia di inoltrarmi in altre selve oscure, ma una cosa la sapevo. Da ragazzino ebbi una polmonite, soffro tutt'ora di asma in modo abbastanza grave e ho avuto un tumore maligno. Per di più sono fortemente miope. Tutto ciò, prima di avere figli. In un'altra epoca, nemmeno tanto lontana non sarei sopravvissuto, in una più lontana ancora non sarei stato in grado né di cacciare, né di raccogliere o procacciare cibo. Oggi però, grazie alla scienza sono vivo e ho due figli, ma non credo di aver contribuito con dei gran geni, almeno per la salute. Sul resto si vedrà.
Amo il bosco, con queste lunghe attese, i tanti pensieri che mi scaturisce.
Ecco, finalmente un gruppetto di femmine che si avvicinava. Una decina, di età diverse e accompagnate da due giovani maschi. Il compito del maschio ora è quello di trattenere il gruppo nel proprio spazio infatti, se lo dovessero abbandonare sarebbe spacciato, le femmine non sarebbero più 'sue'. Per questo motivo stava cercando di intrattenerle con il suo corteggiamento ritualizzato; prima con l'Head up e successivamente cercando conferme con il Lip-curl. Se dovessero snobbare le sue iniziative e volessero proseguire nel loro cammino, la sua ultima carta è quella di trattenerle con l'Herding. In questa azione, da ultima spiaggia, il maschio tenta di imbrancarle nel proprio territorio, tagliando loro ri-

petutamente la strada a testa bassa e colpendo il terreno con le zampe anteriori, in questo frangente emette il tipico Rut call. Per sua fortuna, da quanto vedo, la sua esibizione è ben accetta da una femmina che sembra in estro. Il maschio avrà due giorni di tempo per accoppiarsi, passato l'estro dovrà aspettare tre settimane e ricominciare da capo il suo corteggiamento.

A dire il vero non ve l'ho raccontata proprio tutta.

Avevo scelto questo posto e quel maschio per un motivo. Questo camoscio si era cercato un piccolo spiazzo lungo uno dei passaggi obbligati su questo costone, era questione di tempo, prima o poi sarebbe passato un gruppo di femmine e mi rallegra pensare che sia io che il maschio, abbiamo fatto gli stessi calcoli. Nel viaggio di ritorno che durò due ore abbondanti non feci altro che pensare alle due selezioni senza venirne a capo, ma fa lo stesso; l'obiettivo che mi ero posto lo avevo raggiunto vedendo il corteggiamento del camoscio, il resto sono solo pensieri che mi tengono compagnia ricordandomi che sono piccolissimo. *Memento mori.*

SCELTE, CONSEGUENZE E PERPLESSITÀ

"Noi traiamo sostentamento dal resto della natura in un modo mai visto prima, riducendo le sue ricchezze mentre crescono le nostre. Noi siamo "un'anomalia ambientale". Ma le anomalie non possono persistere per sempre: alla fine scompaiono. È possibile che l'intelligenza, nella specie, nella specie sbagliata, fosse una combinazione destinata a essere fatale per la biosfera, forse una legge dell'evoluzione è che, di solito, l'intelligenza debba auto estinguersi."

Edward Wilson

Era mattina presto, stavo accovacciato con mio figlio fra alcuni massi ricoperti di muschio, binocolo in mano e lo sguardo che, attraversando gli ultimi metri di bosco, fissava la parete e l'immenso ghiaione che l'avvolge ai suoi piedi. Quel passaggio forzato per i camosci era, per noi, una grande fortuna. Mentre aspettavamo in silenzio, Nicolas mi fece una delle sue tantissime domande:

"Papà, mi dici sempre di camminare piano, di non parlare, di non fare rumore per non spaventare gli animali, ma poi dici agli escursionisti che se camminano normalmente, parlando e facendo qualche rumore, l'orso nella norma si allontana. Noi ci muoviamo come dei ninja, io un po' di paura dell'orso così ce l'ho."

Non era la prima volta che qualcuno mi faceva questa domanda e la mia risposta negli anni è cambiata, si è adattata anzi, si è evoluta.

Da ragazzo, quando nelle mie zone l'orso era assente, ho dormito diverse volte nel bosco, senza pormi nessun problema e l'ho fatto fino a qualche anno fa. Ora le cose sono cambiate, ne sono consapevole, anche se purtroppo non tutti lo sono e lo si nota quotidianamente. Non voglio assolutamente discutere qui e ora se la reintroduzione dell'orso fosse giusta o sbagliata e nemmeno se sia stata fatta nel modo migliore. Su questo ho le mie idee, ho letto tutto ciò che sono riuscito a trovare sul progetto, tutti gli studi e le ricerche, lo studio di fattibilità e ciò che poi, di esso, è stato messo in opera e in pratica; conosco la realtà e ho tratto le mie conclusioni. L'unica cosa di cui voglio scrivere ora è questa. L'orso ora c'è, cosa posso fare io?

Per me i confini sono labili, gli animali vengono nelle zone che reputiamo umane e noi andiamo in quelle zone che, utilizzando lo stesso sistema di misura, sono degli altri animali. In paesi e città arrivano i cinghiali, le faine, i pipistrelli, le cornacchie, le gazze, i gechi, le volpi, ogni tanto lupi e gli orsi, e noi andiamo nel bosco, nel mare, in alta montagna, nella giungla, nella savana, ovunque. Tutti, noi e loro, dobbiamo solo adeguarci al nuovo posto, alla nuova situazione; cosa che pare difficile per molti. Gli animali sanno che avvicinandosi ai paesi rischiano e noi? Premesso che ultimamente trovo più pericolosa qualche città o quartiere e molto meno i nostri boschi, rimane però il fatto che in natura bisogna essere equipaggiati bene, essere fisicamente in forma, conoscere i pericoli e comportarsi di conseguenza. La realtà invece è molto diversa, vedo moltissima gente improvvisata, che senza esperienza e la minima conoscenza si comporta come se fosse nel suo soggiorno anche in alta montagna.

Ma torniamo all'orso. Io stesso ho cambiato le mie abitudini negli ultimi anni, passo meno notti nel bosco, o almeno non ci dormo ma rimango sveglio con il mio visore notturno. So benissimo che se sto in silenzio al buio a filmare animali sono meno individuabile, anche per un orso (specialmente se sono sottovento) e che quindi potrebbe accidentalmente avvicinarsi troppo e reagire male per lo spavento. So che non devo portare con me alimenti che lo potrebbero attrarre (soprattutto tenendoli in tenda), so molte cose ma non mi sollevano dal rischio, che permane. Questo però, potrebbe succedere anche di giorno, per uno che fa birdwatching o fotografia naturalistica e se ne sta tranquillo ed in silenzio, seduto nella sua tenda mimetica. Molti ti dicono 'stai a casa tua, quella è casa loro!', ma io non la vedo così. Nel mondo animale esiste per alcune specie la territorialità, ma è maggiore quella conspecifica, la maggior parte degli scontri interspecifici sono quasi sempre a protezione dei piccoli, della tana, del nido o dei tentativi di predazione. Noi non siamo mica molto diversi, da chi ci faremmo toccare i figli e la casa? Farei di tutto per proteggere i miei figli ed è esattamente quello che fanno loro. Quel tutto va dall'evitare errori, passando al rimediare ad essi, all'allontanarsi (in modo corretto) fino al difendersi se non ci sono altre possibilità, e credo che queste opzioni valgano per entrambe le specie. L'evitare errori non vuol dire rinchiudersi in una gabbia, ma sapere cosa si sta facendo. La natura per me è casa, anche mia. Non voglio rinunciare a viverla, non voglio limitazioni come non voglio che le abbiano loro, voglio vivere i boschi con i miei figli, voglio rispettare la natura e viverla. Voglio osservarla, averla intorno, capirla, farmi mille domande e lasciarmi stupire. Non sono un tipo da soli libri, video e basta, forse lo sarò quando non sarò più in grado di camminare, ma non adesso. Per fortuna qui da me non ci sono animali che ci vedono come prede abituali, non ci sono coccodrilli e grandi felini; quindi un possibile attacco è dovuto quasi sempre ad altro, è molto raro se ci si comporta correttamente. Ma cosa fare se invece succede? Se dopo tutti gli accorgimenti messi in pratica l'animale, per coincidenze all'apparenza improbabili, diventasse comunque pericoloso? In situazioni del genere l'ultima carta da giocare sarebbe quella di poter utilizzare (e saperla usare in modo corretto), la bomboletta spray anti-orso, ma purtroppo da noi sono vietate perché potrebbero essere usate durante le proteste e sommosse cittadine. Siamo in Italia e non è facile spiegare questa situazione agli adulti, figurarsi ai bambini. Lo spray non è una garanzia assoluta, non è detto che in situazioni di stress repentine, chiunque sia in grado di agire in modo corretto seppur istintivo; o di valutare le condizioni del vento, contro o a favore e quindi le distanze. Utilizzata nel momento errato, la bomboletta potrebbe anche essere d'istigazione e peggiorare la situazione, io preferirei comunque averla al non poterla avere.

Non entrerò nello specifico per quanto riguarda i giusti comportamenti, perché ho letto diversi opuscoli e linee guida, proposti da diversi parchi, enti, associazioni e non sempre mi trovano d'accordo su tutto. Credo che il problema maggiore per chi li scrive sia far combaciare la realtà con il turismo. Forse ci sono troppe pressioni che non permettono di vedere, fare o dire le cose, come stanno nella realtà. Ovvio che vietare certi comportamenti o attività non collimano con lo sviluppo di un tipo di turismo e nemmeno con le attività di molti residenti ma in altre zone del mondo, dov'è accertata la presenza di orsi, alcune attività vengono vietate o permesse a proprio rischio.

RICONOSCERE UNA TRACCIA NON È CAPIRLA

"Sapere che sappiamo quel che sappiamo e che non sappiamo quel che non sappiamo, è questo il vero sapere."
Confucio

Molto tempo fa, prima di essere agricoltori e allevatori, saper leggere le tracce era di fondamentale importanza per la nostra stessa sopravvivenza. Lo era al pari di sapere dove e quando cercare gli alimenti vegetali, i funghi e i licheni. Altrettanto importante era saperli distinguere da specie simili, tossiche e mortali. Eravamo cacciatori e raccoglitori, oggi abbiamo dimenticato entrambe le virtù, anche quando, come succede spesso, ci crediamo dei fenomeni nella raccolta dei funghi.
In realtà, sono veramente pochi coloro che conoscono la reale ecologia dei funghi e anche io, che qualcosina la so, sono consapevole di saperne ancora meno.
Parliamo però di tracce, cercando di dar loro la giusta importanza, la traccia in sé non è solo un segno. Quando si parla di tracce animali, si pensa alle impronte. In realtà le impronte sono solo una delle tantissime tracce animali e sono anche quelle che, se escludiamo il manto nevoso e il terreno fangoso, sono le più difficili da notare.
Ma quali sono le altre tracce? Tutto ciò che conferma la presenza di una specie animale. Le impronte, le fatte e l'urina, le borre, pelo, penne e piume, tane, nidi, sentieri, predazioni con spiumate e resti vari, ristori, scavi e altri segni di ricerca di cibo, marcature come raspate, fregoni e graffi, grattatoi, brucature e altro. Per un occhio attento tutte queste tracce sono molto più comuni delle impronte, che come detto hanno

bisogno di un substrato idoneo per rimanere impresse. Vorrei affrontare l'argomento in modo molto diverso dal solito, ci sono già molte guide che aiutano nell'identificazione delle varie tracce; ce ne sono alcune molto buone e altre mediocri. Tante purtroppo sono poco realiste, perché raffigurano più le zampe, che le impronte realmente lasciate o rappresentano le fatte come se gli animali, specialmente gli onnivori e carnivori, mangiassero sempre le stesse cose.

Ma quello che in pochi hanno affrontato, ed è la cosa che mi affascina di più delle tracce, è la loro stretta relazione con la biologia, l'etologia e con l'ecologia dell'animale. Ma prima di addentrarci in questo favoloso, seppur intricato viaggio, vediamo le motivazioni che rendono le tracce, che per molti sono insignificanti, tanto interessanti.

Le tracce, fossimo agenti del R.I.S., sono la prova schiacciante della presenza dell'indiziato in un determinato luogo e possono, in alcune situazioni, essere la conferma della sua colpevolezza, se si tratta di una predazione. Le tracce permettono, fin da bambini, di giocare ai detective e ricordo le indagini in solitaria o con gli amici della mia infanzia. Avventure che mi hanno regalato emozioni, sorprese e divertimento. La ricerca delle tracce e la loro identificazione porta a conoscere la natura, a ragionare, a riflettere e ad unire esperienze e studi, anche in campi diversi fra loro, in un grande quadro. Si entra in punta di piedi, perché questo dev'essere il modo, nella vita intima delle varie specie, si scopre la loro presenza, la loro dieta, i loro umori e amori, la loro riproduzione, i loro posti preferiti, le loro scorribande, i loro scontri, i loro spostamenti e molto altro. Noi, durante tutta questa ricerca, miglioriamo la nostra attenzione e l'osservazione e potenziamo la percezione di ciò che ci circonda. La curiosità porta alla conoscenza, se si sceglie di proseguire con lo studio.

Punto dopo punto scopriremo quali segreti ci possono raccontare le tracce.

1) Dove e quando

Quando troviamo una traccia la prima domanda che ci poniamo è "Di chi è?",

la seconda, scoperto il legittimo proprietario, è "quando l'ha lasciata?" e la terza è "perché?".

Cosa ci può dire il luogo? Molto, specialmente se siamo riusciti a collocare in un periodo chiaro la traccia.

Una traccia ci può garantire la presenza di un animale in quel determinato luogo, saper leggere anche il momento, ci permette di avere entrambe le coordinate, quelle che io chiamerei spazio-temporali. Queste due coordinate ci aiutano a capire molto sui ritmi di un animale. Provate a pensare ad un animale che pratica il letargo o l'ibernazione. Potremmo sapere se è ancora attivo o se è tornato attivo. Potremmo capire se è migrato o già tornato, se ha già iniziato la sua migrazione verticale (è quella che praticano molti animali, non solo uccelli, che in inverno scendono a quote più basse e in primavera tornano in alta montagna). Il momento ci può dare altre informazioni.

I fregoni dei caprioli per esempio, in base al periodo in cui vengono lasciati hanno scopi diversi.

Facciamo due esempi in cui il periodo o il luogo saranno determinanti per capire molto di più sull'animale e sulla sua biologia ed etologia.

I fregoni sono un'azione di strofinamento del palco dei caprioli, che viene effettuato con estrema forza su piccoli alberelli flessibili o cespugli. Questi sfregamenti provocano dei danni alla corteccia e alla struttura più esterna della pianta. Raramente alberi così esili possono anche essere spezzati. Il capriolo può praticare questi movimenti per motivi diversi e in diversi periodi dell'anno. A marzo-aprile per la pulizia del palco dal velluto.

(Cosa sono il palco e il velluto? I palchi vengono spesso confusi con le corna, ricrescono e si sviluppano durante il tardo inverno, dopo che sono stati persi i precedenti dai soggetti maschi, in base alla zona geografica e all'età, da ottobre a dicembre. I palchi sono pieni, al contrario delle corna, e una loro caratteristica importante è che non sono a crescita continua, ma vengono appunto persi ogni anno. La crescita è regolata da diversi ormoni, fra i quali, il testosterone e il somatotropo, che sono i più importanti. Inizialmente le stanghe sono ricoperte da un tessuto detto velluto. Questo tessuto è ricco, nella parte interna, di vasi vascolari ed è ricoperto esternamente da pelo fitto. A conclusione della crescita del palco e alla sua ossificazione, i Cervidi (caprioli, daini, cervi) strofinano il loro trofeo contro arbusti o piccoli alberi per liberarsi del velluto, lasciando come traccia i fregoni o scortecciamenti).

In altri periodi dell'anno, come luglio-agosto (periodo degli amori) essi possono essere causati come sfogo per scaricare la tensione dopo l'incontro con un conspecifico. Da marzo ad agosto però il maschio è in fase territoriale, quindi si aggiunge una terza causa, quella di lasciare vere e proprie marcature visive e anche odorifere, vista la presenza di ghiandole che sono sia sebacee che sudoripare. (Alcune di esse si trovano sulla testa e si chiamano frontali, facciali, preorbitali e del velluto e le secrezioni che ne fuoriescono sono di fondamentale importanza per le loro interazioni).

Se vediamo un fregone fresco quindi, in base al periodo possiamo capire le motivazioni che hanno portato il capriolo a praticarlo. Non è tutto così semplice, ci sono periodi che si accavallano ma cercando e trovando altre tracce si può ristringere il cerchio. Altra cosa da ricordare è che il cervo ha comportamenti simili in periodi dell'anno diversi, visto che la pulitura dei suoi palchi avviene ad agosto-settembre e il periodo degli amori a settembre-ottobre. Ma anche qui tornano utili altre tracce, come impronte e fatte o addirittura l'altezza raggiunta dai fregoni.

Il luogo. Le fatte di alcune specie di animali sono presenti ad altitudini diverse, nell'arco delle stagioni. Un esempio nelle mie zone potrebbe essere relativo alle feci del camoscio, che trovo ad altitudini inferiori solo in inverno, poiché in estate essi tornano in quota. Anche le penne degli uccelli possono essere stagionali, molti di essi sono migratori e d'inverno possono essere assenti; altri invece arrivano d'inverno, dalle migrazioni provenienti dal nord Europa. Ci sono anche le migrazioni verticali, non è raro trovare penne di: pettirosso, cincia bigia, nocciolaia, civetta nana, civetta capogrosso, codirosso spazzacamino e gallo cedrone, anche a basse quote d'inverno.
Questi esempi, riferiti al luogo e al periodo ci fanno conoscere la biologia e l'etologia degli animali. Gli animali si spostano e lo fanno per diversi motivi; quello a cui si pensa nella norma è il clima stagionale, ma non sempre gli animali sono così sensibili alle temperature più basse, spesso lo sono le loro prede. Infatti, sono molti gli uccelli insettivori che si spostano verso climi più caldi per trovare il loro nutrimento, altri invece sono in grado di cambiare la loro dieta riuscendo a diventare uccelli granivori in inverno. La

dieta influenza la biologia e l'etologia della specie. Per esempio, animali che hanno bisogno di grandi quantità di alimenti rari d'inverno, migrano o vanno in ibernazione o letargo e questo riduce le loro tracce fino a zero.
Le tracce dicono molto di più di una semplice presenza e ci invogliano a conoscere meglio gli animali.

2) La dimensione delle tracce

Le dimensioni delle tracce ci possono svelare molte cose, alcune più ovvie altre forse, meno.
Iniziamo dalle impronte che spesso ci servono per identificare la specie esatta. Impronte molto simili ad un occhio inesperto, sono facilmente distinguibili dalla grandezza, come quelle del capriolo e del cervo, del tasso e dell'orso. In molte specie di animali la grandezza può essere importante anche per l'identificazione del sesso; e non dobbiamo dimenticare che esistono i cuccioli, i cuccioloni e i subadulti con grandezze intermedie. Proprio per questo, conoscere la biologia delle varie specie è importante, sapere quando nascono i cuccioli e conoscere i tempi del loro sviluppo possono essere fondamentali per non cadere in errore durante l'identificazione. Per me, uno dei momenti più belli, è quando si trovano le tracce di giovani tassi o volpi in primavera. Sono la conferma delle nuove cucciolate e conoscendo le varie tane, specialmente quelle usate da decenni dai tassi, mi rallegra tantissimo sapere che ci saranno nuove leve. I tassi partoriscono da inizio gennaio a inizio marzo, le volpi fra marzo e aprile, trovare le tracce di piccoli tassi dopo inverni molto rigidi mi rasserena sempre. Un anno nel quale il cimurro aveva sterminato molte volpi, trovare tan-

tissime impronte di loro piccoli proprio davanti ad una storica tana, mi fece tirare un vero e proprio sospiro di sollievo. Sembrerà strano ma ci si affeziona anche ad animali che si conosce solo attraverso un binocolo o grazie ad una foto-trappola, quando li si osserva per molto tempo, entrare nella loro vita quotidiana è renderli amici di lunga data.

Le dimensioni non sono fondamentali solo per le impronte. Lo sono, e forse ancor di più per le fatte, cosa possono dirci? Anch'esse possono svelare la specie e l'età dell'animale. Un classico esempio sono le fatte di volpe e di lupo, che a parità di dieta possono essere quasi identiche, ma la dimensione cambia (anche se bisogna tenere conto del periodo dei cuccioli). La volpe fa i cuccioli fra marzo e aprile, i piccoli raggiungeranno le dimensioni degli adulti più o meno fra luglio e agosto. I lupi nascono, nelle mie zone, intorno a maggio e a sei/sette mesi hanno raggiunto le dimensioni di un adulto. Nelle dimensioni però, il parametro che osservo maggiormente, per distinguere lupo e volpe, è il diametro, che è meno ingannevole di solito. Conoscendo i periodi delle cucciolate possiamo anche escludere che il motivo delle dimensioni esigue delle feci non sia puramente la scarsità di nutrimento.

Altre dimensioni interessanti sono quelle dell'ingresso delle tane e di eventuali fori nei nidi di picchio. Nei picidi, la forma tonda o ovale, è una caratteristica delle specie.

Anche qui, leggere le misure non serve a nulla se non si conoscono le abitudini, la biologia delle specie, eccetera.

3) Le impronte

La traccia di questo tipo ci può dire molto, e non solo la specie animale. L'avanzare ha caratteristiche diverse da specie a specie, ed ha anche variabili in base alla velocità di avanzamento. Molti animali (capriolo, cervo, volpe, lupo) hanno tre tipici andamenti. Il passo che corrisponde alla nostra lenta camminata, il trotto e il galoppo ai quali può aggiungersi il movimento a balzi che possiamo vedere spesso nei caprioli, cervi e camosci. Altri animali, come alcuni mustelidi, passano dal passo ai balzi, con la posizione delle zampe che durante i balzi cambia in base alla velocità. Altri ancora, come lepri e scoiattoli, si muovono a balzi di distanza molto variabile, in base alla velocità, e con zampe anteriori più in linea e zampe posteriori più divaricate. L'orso che si muove all'ambio, muovendo simultaneamente gli arti di un lato e poi dell'altro, ricorda invece l'andamento degli elefanti.

Queste tracce ci fanno capire la loro velocità e quindi anche supporre le possibili motivazioni che li spingono ad un andamento piuttosto che ad un altro. Ritrovare impronte di altre specie vicine alla traccia che osserviamo ci può fare immaginare molte cose. Una volpe che insegue una lepre, dei lupi che seguono dei caprioli, dei giovani che seguono la mamma, un branco di lupi in pattugliamento. Seguire per tratti più lunghi queste tracce può avvallare o smentire le nostre supposizioni.

Una cosa però che mi preme dire, è quella di ricordare a tutti di non seguire tracce e piste fresche; evitiamo di disturbare gli animali nella loro attività, semmai seguiamole a ritroso; eviteremo così, specialmente nel caso dei grandi carnivori, spiacevoli e pericolose situazioni.

Anche la lunghezza del passo, nelle varie marce, ci può aiutare ad identificare la specie e persino il sesso; questo vale anche per l'allicciatura, lo spazio fra le impronte degli arti di sinistra e destra (tenendo sempre presenta la stagionalità e la presenza di possibili cuccioloni).

La stagione ci dà altre informazioni: una traccia singola di capriolo in inverno è quasi sempre di un maschio. Due tracce sono quasi sempre di una femmina che può essere accompagnata o da un piccolo, o da un altro giovane esemplare, maschio o femmina. Se i capi sono tre, sarà quasi sicuramente una femmina che viene accompagnata da due giovani. Questi sono solo alcuni esempi, ma i caprioli in base alle stagioni hanno formazioni abbastanza standard.

4) Le fatte

Ed eccoci a parlare degli escrementi, ma cosa possono svelarci le fatte oltre a dirci chi le ha prodotte? Grazie alle misure, come abbiamo visto, possiamo in certi casi restringere il cerchio al sesso e all'età dell'animale, possiamo notare i vari spostamenti altitudinali e latitudinali stagionali e grazie alle analisi del DNA potremmo avere un numero abbastanza preciso dei soggetti presenti in un'eventuale conta per un monitoraggio. Possono raccontarci anche il dilagare di una malattia, le abitudini alimentari delle varie specie o di alcuni gruppi sociali.

Non è raro, grazie all'apprendimento culturale di alcune specie, che alcuni gruppi si comportino e si nutrano in modo diverso. Nelle fatte, come avviene nelle borre di alcuni uccelli, possiamo ritrovare le prove certe del tipo di alimentazione avuta. Un'alimentazione che spesso cambia da habitat ad habitat e da stagione e stagione. Se si ha la fortuna, per esempio, di conoscere diverse tane di tasso in zone ed altitudini diverse, si può notare facilmente nelle loro latrine (buche scavate da loro e utilizzate più volte per i loro escrementi) quanto varia la dieta di questi onnivori nell'arco delle stagioni. Le fatte ci dicono molto sulla fauna e la flora presente in zona, quali bacche, frutti, insetti (e altri artropodi), micro mammiferi o altri mammiferi vi sono. Nelle fatte si trovano, semi, noccioli, elitre o altre parti di esoscheletro, ossicini di micro mammiferi, pelo e molto altro.

Tutte queste informazioni sono solo la punta dell'iceberg, ci vorrebbe un libro dedicato solo a questo, ma come abbiamo visto, una traccia è molto più di un semplice segno a terra. Le tracce sono come una stele di rosetta, una bussola, una macchina del tempo e dello spazio. È sempre l'interesse, la curiosità e lo spirito di avventura che ci porta oltre i confini, oltre il conosciuto. Vale sempre la pena, per ogni materia, andare oltre le apparenze, porci domande, cercare risposte, guardarci intorno.

IL TASSO

"Altri finiranno il lavoro di questa generazione a Burgess. Poi arriverà la prossima generazione, con nuove idee e nuove tecniche. Ma la scienza è cumulativa, nonostante le sue oscillazioni e i suoi alti e bassi. Le ricerche di Briggs, di Conway Morris e di Whittington saranno onorate per la loro eleganza e per l'efficacia delle loro idee trasformatrici finché conserveremo la più preziosa delle continuità umane: una sequela ininterrotta di genealogia intellettuale."

Stephen Jay Gould

Uno degli animali che ho osservato di più è il tasso (Meles meles). Ho studiato le sue tracce, l'ho filmato con il visore notturno durante interminabili notti e l'ho filmato per anni con le fototrappole e questo è il motivo per il quale ho deciso, in quest'unico caso, di dedicargli un capitolo, concentrando tutto in poche frasi e accennando a qualche particolarità.
La scelta delle fototrappole è stata quasi obbligata. Filmarlo con il visore notturno è una delle più belle esperienze e vale per molti animali, ma ho notato che per quanto si possa essere bravi a non fare rumore, la mia vicinanza li rendeva sospettosi, più del solito. Il tasso non vede benissimo ma ha un buon udito e un ottimo fiuto, in questo ricorda l'orso. La mia presenza, non molto lontana per girare un buon video, li frenava molto. Così ho deciso di studiare le loro tracce ma di lasciare le riprese alla tecnologia. Il tasso è il più grande mustelide terrestre d'Italia, solo il ghiottone (Gulo gulo) che vive nell'estremo nord (Canada, Alaska, Groenlandia, Scandinavia, Paesi Baltici, Siberia, Manciuria, ecce-

tera) è più grande di lui. Un altro mustelide più grande ma acquatico, è la Lontra marina. Il tasso è un plantigrado e anche in questo ricorda l'orso, le sue orme sono facilmente distinguibili per la presenza di cinque dita visibili e un cuscinetto interdigitale del metatarso e del metacarpo imponente. Gli unici animali italiani che ci potrebbero confondere sono un piccolo orso e l'istrice, se presenti nella vostra zona. L'istrice però ha nella zampa anteriore il dito più piccolo atrofizzato e spesso non è visibile. Nella zampa posteriore il dito più piccolo è visibile ma è più arretrato che nel tasso. I cuscinetti prossimali che lasciano un segno nelle anteriori sono anch'essi diversi, due nell'istrice uno nel tasso. Il cuscinetto interdigitale dell'istrice ha tre lobi uniti ma ben distinguibili. Nell'orso la zampa posteriore appoggia con tutta la suola, e non si vede lo spazio interdigitale e prossimale che si può vedere nel tasso. L'orso ha anche il dito esterno (il mignolo) più grande di quello interno (alluce). Se nelle impronte di tasso non si vede il cuscinetto prossimale, zampe anteriori e posteriori potrebbero ingannare un occhio non esperto, ma un dettaglio risolve facilmente il dubbio. Oltre ai cuscinetti il tasso lascia anche il segno delle unghie.

Le unghie delle zampe anteriori lasciano fori o tagli molto distanti dai cuscinetti digitali. Le zampe posteriori invece hanno unghie molto più corte e il segno di esse è vicino al cuscinetto digitale. Le impronte sono quasi sempre sovrapposte al passo e al trotto, solo al galoppo, forma rara di avanzamento, sono tutte e quattro ben distinte. In tutte le forme di avanzamento le impronte sono rivolte verso l'interno.

Un'altra caratteristica traccia del tasso è la latrina. Le latrine sono piccole buche che il tasso scava e utilizza per le sue fatte, e le utilizza più volte fino al loro riempimento. Al contrario del gatto non le ricopre e le si può trovare nelle vicinanze della tana o di qualche luogo dove si nutre abitualmente, un albero di gelso, un luogo ricco di rovi di Rubus fruticosus, un ciliegio selvatico. Se invece perlustra il territorio non scava latrine e le sue fatte le deposita dove capita. La tana del tasso ha, nella norma, diverse entrate e al suo interno parecchie stanze. Il tasso vive spesso in clan e non è raro che condivida la tana con altri animali, quali volpi e istrici. Queste sue tane sono facilmente riconoscibili per due motivi, nelle vicinanze si notano diverse stradine battute, che collegano le varie entrate o che indicano le direzioni preferite (questi sentieri battuti non sono presenti nelle tane delle volpi), altre cose che si possono osservare sono le tracce nelle vicinanze delle uscite. La volpe lascia sempre ossa e penne (avanzi dei suoi banchetti), l'istrice perde sempre qualche aculeo, il tasso invece è molto pulito e oltre alle impronte e alle latrine non lascia resti dei pasti perché non porta gli alimenti nella tana.

La sua tana è provvista di più stanze per dormire, che alterna spesso, per motivi igienici, riducendo così il proliferare di organismi patogeni e parassiti. Le stanze hanno una lettiera fatta di foglie, fieno e paglia e ho potuto osservarli spesso mentre trasportavano il materiale nella tana. Essi procedono a ritroso spingendo queste sostanze con le zampe anteriori e il muso verso le posteriori.

Cosa molto interessante è il fatto che sono dei veri e propri amanti del pulito, ho molte documentazioni a riguardo dove si vede come riportano il materiale delle stanze all'aperto per arieggiarlo. Questo 'stendere' al sole la lettiera, serve per ridurre ed eliminare i parassiti di cui vi ho parlato. Altra cosa che ho notato è che questo lavoro lo fanno anche dopo un periodo di forti piogge o di piogge permanenti. Il ristoro umido, causato dalle infiltrazioni e dal loro pelo bagnato, viene portato all'esterno il primo giorno di sole.

Che siano animali molto puliti lo si può notare anche da un altro comportamento, il grooming, i tassi lo praticano come molte scimmie.

Le tracce che si possono notare sono i grattatoi: nelle vicinanze della tana un albero viene scelto per la pulizia delle unghie e si vedono dei segni leggermente obliqui, i segni delle unghie variano da quattro a cinque (più raro) per zampa.

Di cosa si nutre il tasso? Ha una dieta molto variabile, si nutre di tuberi, bulbi, frutta (mele nei frutteti), bacche (anche di ginepro), faggiole, cereali, lombrichi, lumache, anfibi, rettili, piccoli roditori, carcasse, uova di formiche, larve, insetti vari e molto altro.

Il maschio è nella norma fedele alla sua compagna, la femmina invece non disdegna le attenzioni di maschi solitari. Il periodo degli accoppiamenti è lungo e va dalla primavera all'inverno, anche se il periodo più frequente è tarda primavera/estate. La diapausa dell'uovo fecondato tarda l'impianto nella parete uterina, questo ritardo può variare dai due ai dieci mesi e così, la gestazione che dura sette settimane darà alla luce i piccoli, fra fine gennaio e marzo. La diapausa permette quindi di avere i cuccioli quando si va verso la calda stagione, ricca di alimenti. I cuccioli, da uno a cinque, nascono seminudi, ciechi e grandi circa 10 cm e a due mesi abbandoneranno per la prima volta la tana. I tassi hanno una vasta gamma di vocalizzazioni e di interazioni fra di loro, fin da piccoli, e sono belli da osservare anche per questo. Nella primavera del 2022, una coppia di volpi ha partorito quattro cuccioli in una delle stanze della tana che osservo da diversi anni. Il primo sospetto lo ebbi quando trovai due piume davanti ad una delle entrate, qualche

settimana dopo sempre davanti a quell'entrata vidi tantissimi esemplari di mosche appartenenti alle due specie: quella carnaria (Sarcophaga carnaria) e quella verde (Lucilia sericata). Questo mi fece pensare ad avanzi di carcasse all'interno della tana. Due settimane dopo, la fototrappola riprese i quattro cuccioli di volpe. Li filmai durante tutta la loro crescita per diversi mesi, uno spettacolo meraviglioso.
Ma torniamo ai tassi, la cosa che più mi affascina è che sono in grado di stupirmi sempre. Hanno sempre qualcosa di nuovo da raccontarmi. Un giorno vidi per la prima volta un tasso urinare alzando la zampa come fa nella norma un cane maschio, grazie ad un conoscente con il quale ebbi degli scambi sull'argomento ricevetti alcune documentazioni fatte in Inghilterra che citavano questo saltuario atteggiamento.
Con loro non si finisce mai di imparare.

UN LUNGHISSIMO VIAGGIO SENZA SPOSTAMENTI

"Tutto il movimento di conservazione della natura è in un certo senso autolesionista perché per curare noi dobbiamo vedere e accarezzare e quando abbiamo visto e accarezzato abbastanza non vi è più niente di naturale da custodire."

Aldo Leopold

Stavo osservando un formicaio di formica rossa (Formica rufa) e sono sempre molto affascinato da tutta quella organizzazione che, devo ammettere, inizialmente ho sempre visto come una confusione assurda.

Questa formica però non è nulla in confronto ad altre specie del Centro e Nord America o dell'Australia, che formano delle colonie enormi. Molte di queste specie modificano anche il paesaggio con un cambiamento fisico, più o meno importante, nell'habitat circostante. Una formica che mi viene in mente in merito, è la formica del limone (Myrmelachista schumanni) del Perù che utilizza l'acido formico che produce, come fosse un diserbante, per eliminare gli alberi che reputa inadatti alla colonia e che sono competitor del loro albero preferito, il Durola hirsuta, all'interno del quale vivono. L'habitat viene così modificato e il paesaggio diventa talmente caratteristico che quelle zone vengono chiamate i giardini del diavolo. Un altro animale che cambia notevolmente l'habitat è il castoro che, finalmente, dopo cinquecento anni sta tornando anche in Italia, a nord-est dall'Austria e in centro Italia dove è probabile sia stato rilasciato illegalmente.

I castori con le loro costruzioni formano delle dighe che trasformano il semplice passaggio di un ruscello in una zona umida, una specie di palude, cambiando l'ambiente e la biodiversità della zona. Anche gli elefanti sradicando gli alberi mantengono certe caratteristiche della savana che permettono la presenza di alcune specie, che altrimenti eviterebbero la zona pregna di una vegetazione troppo fitta e alberata. E poi ci sono i lombrichi, i cianobatteri, le diatomee, eccetera, che cambiano chimicamente l'ambiente per alcune specie che ne usufruiscono e altre invece, che li subiscono.

Molte specie animali sono dei veri e propri ingegneri eco-sistemici. Così sono definite le specie che creano o modificano significativamente, mantenendo o distruggendo, un habitat.

Sono suddivisi principalmente in due grandi gruppi: allogenici e autogeni.

Gli allogenici sono coloro che modificano l'ambiente biofisico trasformando sostanze viventi o non viventi da una forma ad un'altra. I castori con degli alberi formano una diga e cambiando di conseguenza l'habitat, ci saranno nuove specie animali che approfitteranno dell'opera. Idem il picchio che crea un buco in un albero che in futuro potrà essere utilizzato da un ghiro o da un picchio muratore.

Gli autogeni sono invece coloro che cambiano l'ambiente modificando sé stessi. Gli esempi più comuni sono gli alberi, che con la loro struttura sono habitat stessi per molti animali, dagli insetti agli uccelli, dai piccoli mammiferi alle liane o altre piante rampicanti che collegano così gli alberi fra loro trasformandosi in ponti naturali per molti animali che non sanno volare.

Chi è secondo voi il più impattante ingegnere eco-sistemico fra tutti? Facile no? L'uomo. Alcuni esempi? L'urbanizzazione, il disboscamento per legname, l'agricoltura, zootecnia, piste da sci, le dighe, le miniere siderurgiche.

Seduto qui a osservare il lavoro organizzato delle formiche qualche paragone con la nostra società è più che ovvio. Questo bellissimo formicaio è quello dove ho ripreso più volte la ghiandaia mentre si faceva i bagni di formiche e della quale ho parlato nel libro precedente, mi viene in mente un esperimento di cui parlerò sui miei social. Dicevo, le formiche sono ultra specializzate e suddivise in caste e noi? Sulle caste sorvolo, ma sulla specializzazione due pensieri me li sono sempre fatti. I risultati che la nostra società è in grado di raggiungere sono in moltissimi casi il lavoro di una quantità incredibile di persone specializzate. Prendiamo un'automobile. Qualcuno la disegna, anzi più di uno, la carrozzeria, il motore, l'impianto elettrico, gli interni, i dettagli. Poi qualcuno dovrà produrre tutto: lamiere, vetro, cavi di rame, plastica, centraline, gomma, pelle, acciaio, alluminio. Ma prima qualcuno questi materiali li dovrà trovare, un altro estrarre, un altro fondere, un altro dargli una forma, e qualcuno dovrà fare gli stampi. Poi altri monteranno tutto, dovranno tagliare e conciare, altri verniciare. Ma qualcuno dovrà produrre il colore, un altro i forni, un altro le attrezzature per dare il colore. Qualcuno dovrà fare i freni, un altro le tubazioni a pressione per l'olio, uno gli pneumatici, ma prima dovrà studiarne la qualità, un altro i cerchioni...
Potrei finire il libro solo elencando le persone che, ognuno addetto ad un singolo particolare, contribuiscono a fare un'automobile. E questo vale per una sala operatoria, per lo shuttle o per delle semplici scarpe da ginnastica, pensiamo a quanta gente ha contribuito a produrre questo pc dal quale sto scrivendo.
La nostra società è molto più intricata e collegata di quello che crediamo e tutto questo ci ha portato in primis a essere dipendenti, per quasi tutto, da altri, costringendoci a vivere in

comunità sempre più grandi e sempre più globalizzate e questo ci porta ora, all'argomento che ho in testa da quando mi sono fermato a osservare il formicaio. Le nostre città e i loro habitat, un nostro prodotto, in alcuni casi sono davvero enormi. Talmente vaste, che in alcune metropoli si è passati ad un livello superiore, si può parlare di veri e propri biomi o no? Nella norma un bioma è un vasto territorio della biosfera con caratteristiche particolari: vegetali, climatiche, geografiche di latitudine e di altitudine, se si parla di bioma terrestre o di acqua dolce o salata, se si parla dell'idrosfera.

Sul nostro pianeta ci sono sempre stati diversi biomi: le foreste, temperate, umide e pluviali; i deserti, la steppa, la tundra, la savana, la taiga e molti altri, sia terrestri che marini.

Oggigiorno in queste enormi città, l'ecologia è molto diversa, per temperature, umidità, clima e meteo, bilanciamento di sostanza organica ed inorganica, rispetto alle aree appena esterne ad esse. Sono enormi isole che stanno inducendo alcuni animali a cambiare radicalmente le loro abitudini.

Questo formicaio è in una zona che mi permette di vedere Bolzano dall'alto e che nonostante sia piccola, mi sta dando degli spunti su cui ragionare. Speriamo mi dia anche qualche risposta sensata.

Molte specie selvatiche stanno abbandonando le zone limitrofe per diventare veri e propri residenti e come ha scritto Meno Schilthuizen nel suo bellissimo libro 'Darwin va in città', vivendo e riproducendosi nel nuovo habitat tali soggetti svilupperanno adattamenti specialistici, che a lungo termine (non così lungo poi) porteranno a nuove specie. Questi pionieri si differenzieranno, con degli adattamenti, da quelli della loro stessa specie che sono rimasti in campagna o nel bosco.

Questi piccoli adattamenti, che inizialmente possono essere

per gli animali solo culturali, necessari a loro, servono per poter vivere in un ambiente con caratteristiche molto diverse da quelle dei loro luoghi d'origine.

Cambiamenti che potranno portare alcune specie di animali e piante, dopo molte generazioni, a non essere più in grado di tornare a vivere nelle loro zone di provenienza. Basti pensare ad alcuni uccelli, tipo una cinciallegra, che si è ormai abituata a cercare e a trovare alimenti, protezione e zone per la nidificazione in ambienti totalmente diversi rispetto al bosco. La cosa vale anche al contrario, se si liberasse una cinciallegra di montagna in centro a Milano non saprebbe come barcamenarsi, le manca l'apprendimento culturale per quell'ambiente nonostante siano membri della stessa specie. Non tutti sono in grado di adattarsi velocemente ad un nuovo habitat, e molti non ci riusciranno mai.

Esistono anche alcune specie, che seppur molto presenti ai margini della città, non convoglieranno mai verso il centro, salvo smarrimenti.

In alternativa, nei parchi delle grandi città, ma anche nei giardini o sui tetti, possiamo trovare specie alloctone come pappagalli, scoiattoli americani e anche molte piante, oltre ai tanti animali domestici randagi. Alcuni di questi animali esotici, non tutti ovviamente, si trovano meglio in questo nuovo habitat di molti altri animali autoctoni, per diversi motivi; magari per adattamenti precedenti nelle loro zone d'origine, per la mancanza di predatori specializzati, per dimensione, per aggressività della specie, per mancanza di competitor specifici; essi si ritrovano in una situazione favorevole. Questi animali fuori dalla città sono sicuramente alloctoni, ma lo sono veramente anche in città? In questo nuovo bioma?

Si potrebbe discuterne a lungo; sta di fatto che, alcuni alloctoni in città vivono meglio dei nostri animali autoctoni, grazie ai motivi appena visti o semplicemente per una miglior plasticità, che rende loro più congeniale il nuovo habitat (vedi anche 'Isola di calore urbana', The Climate of London di Tony J. Chandler). La cosa da evitare è che questi animali alloctoni finiscano in natura.

La stessa cosa vale per i gatti e i cani, che ho sempre reputato un grosso problema per la fauna selvatica in campagna, nel bosco, nei paesini, in montagna e via di seguito, zone in cui l'animale domestico non deve interferire con il selvatico per molti motivi. Dalla possibile ibridazione con il gatto selvatico e il lupo, che causa la perdita del genoma delle specie selvatiche, fino all'inutile predazione di animali selvatici, spesso solo per gioco, da parte dei nostri pet. Non ho mai dato la colpa agli animali domestici ma ai proprietari, che forse non sanno, o non vogliono capire, che il loro amico non fa parte dell'ecosistema. Sono animali domestici, curati, accuditi, sfamati e protetti in casa e sono tantissimi. Uno squilibrio numerico e di vantaggi che la fauna selvatica non può reggere, non parliamo poi del grande problema del randagismo. Per di più gli animali domestici liberi sono più soggetti a malattie, agli incidenti stradali e anche a scontri con altri conspecifici e non. A casa vivono sicuramente meglio e più a lungo.

La domanda che girava nella mia testa era sempre la stessa. Ma nelle metropoli come funziona? Non credo che in queste grandissime città esista una specie autoctona, è una terra vergine, anche se chiamarla terra mi fa ridere d'amarezza. In cui le specie inizialmente presenti sono state quasi tutte portate dall'uomo, nei giardini, nei viali alberati, sui tetti, nelle aiuole, nei parchi progettati dall'uomo. Autoctone o alloctone, quasi tutte portate. Ci sarebbero venute se avessero potuto scegliere? Alcune può darsi, molte no, e poi, in quanto tempo? Alcune piante pioniere si sono dovute comunque adattare e questa anomala velocità di selezione naturale (ci sono molte ricerche a riguardo), ha le sue motivazioni. Un habitat così diverso produce per forza scremature drastiche e veloci nel mondo vegetale, sia riguardo le varie specie, che all'interno della specie stessa. Faccio un esempio: se all'interno della stessa specie ci sono delle variabili, tipo un range di grandezza e di peso dei semi, quelle stesse variabili potranno agevolare o limitare la loro dispersione. In base alla situazione quelle caratteristiche saranno favorevoli o no. Prendiamo come modello una piccola aiuola in mezzo a tanto asfalto e cemento. In questo caso, a differenza dei semi pesanti in cui la percentuale più alta resterà lì, in quelli leggeri la percentuale più alta verrà dispersa al minimo soffio di vento e non troverà terreno fertile. Se sono piante annuali, in pochi anni in quell'aiuola ci saranno sempre più piante che vengono dai semi pesanti, le altre, quelle con semi leggeri saranno sempre meno fino a scomparire del tutto. In una zona dove restano i semi pesanti ma arrivano anche, da zone vicine, quelli leggeri, continueremo a trovare piante delle due varianti. E gli animali? Anche loro colonizzano le città, lo hanno sempre fatto, da tantissimo tempo, quando i paesi non erano città e men che meno dei biomi come lo sono le metropoli odierne, eppure questo percorso ha portato alcuni di loro ad essere presenti quasi esclusivamente nel territorio urbano: da alcune specie di passeri, al colombo torraiolo, fino ad alcune specie di pipistrelli.

Non si può non convenire sul fatto che le città siano isole con ecologie particolari. Particolarità che aumentano grazie a due fattori principali: la loro grandezza e la loro ubicazione. Nel primo caso, tanto più la superficie è vasta, tanto più il centro città sarà lontano dal tipo di ecologia esterno ad essa e con essa, di conseguenza, la biodiversità. Per ovviare a questo si possono naturalmente ideare dei parchi e molto altro, ma in linea di massima l'insieme delle condizioni ambientali sono molto diverse da quelle esterne alla città.

Il secondo fattore, l'ubicazione, amplifica ancor di più queste differenze. Gli esempi più palesi sono Dubai e Las Vegas, ma ce ne sono molti altri e non sempre nel deserto. In queste due città che più che isole dovrebbero essere chiamate oasi, è sotto gli occhi di tutti che l'ecologia presente è lontanissima parente di quella che si trova ai loro margini.

Non è facile prendere posizione su ciò che in queste e in altre grandi città è autoctono e alloctono. Sono veramente mondi a parte come dicevo inizialmente; dei veri e propri nuovi biomi? Sono artificiali? Può essere, ma se lo sono le nostre costruzioni, lo sono anche nel loro piccolo le costruzioni di nicchia dei castori? In entrambi i casi è opera di un animale, in entrambi i casi si utilizza del materiale, in entrambi i casi si cambia l'habitat e l'ecologia di una zona e si cambia così la biodiversità. Sono domande a cui faccio fatica a dare risposta e che mi hanno portato a leggere opinioni diverse; di ricercatori e scienziati e non tutti, come succede spesso, la pensano allo stesso modo. Questo perché sono materie molto complesse, che sono legate a tante altre materie; riuscire a vedere e giudicare tutto l'insieme è complicato.

Per fare un esempio, prendiamo un parco in mezzo a un paesino italiano appena costruito, dopo una bonifica. Ci mettiamo dei bellissimi alberi e dei fiori.

Piano piano arriveranno degli insetti, qualche uccello, forse qualche rospo, dei ricci, topi, qualche gatto randagio e altro. Poi potrebbero arrivare degli scoiattoli, in base alla zona geografica italiana, potrebbero essere nostrani, scoiattoli rossi, ma anche alloctoni, scoiattoli grigi americani. Lo scoiattolo grigio è un alloctono invasivo e andrebbe eradicato perché è un forte antagonista della nostra specie autoctona. Come lo gestiamo? Nel bosco, nelle campagne, nei paesi e dove il passaggio fra questi luoghi è facile e continuo, lo scoiattolo grigio è un grave problema ed è sicuramente alloctono. Prendiamo ora una città enorme, con dei parchi che sono isole all'interno di un'isola ancor più grande, la metropoli. Dove tutta l'ecologia riparte da zero, dove i mattoni delle fondamenta stesse sono comunque stati messi in pochi giorni dall'uomo con quel tipo di erba, quegli alberi, quei cespugli, quei fiori, quei camion di terra, quelle ore e mm di irrigazione, senza dimenticare il clima cittadino influenzato dalla città stessa e che il tutto non è il risultato di una lunghissima selezione naturale. Qualsiasi specie che arriverà sarà un semplice animale in dispersione, in un habitat costruito in pochi giorni, che forse si adatterà o forse no. Visto che questo habitat non è il risultato né di una selezione naturale né di un clima naturale, ma risulta essere artificiale, le piante e gli animali sia aggiunti che in dispersione, non son alla fin fine soggetti alla selezione naturale di questo nuovo habitat?

Per me, l'unico grande problema reale è che questi animali e piante potrebbero abbandonare le città e invadere in modo invasivo gli habitat esterni all'agglomerato urbano stesso diventando alloctoni invasivi, come già successo con alcune specie.

In città abbiamo creato un nuovo bioma, chiamiamolo artificiale, ci viviamo e credo ci rendiamo conto della sua artificialità, ma appena ci appropriamo dei terreni esterni, per agricoltura e zootecnia, le idee si confondono; crediamo sia tutta natura, perché vediamo piante, animali, colori verdi e marroni, i colori della natura. Ma in realtà di naturale non c'è nulla. La natura l'abbiamo sfrattata. Cultivar ottenute da piante autoctone o alloctone che al di fuori dei campi coltivati non ci sono e non vivrebbero. Una monocoltura dopo l'altra con una biodiversità esigua e con un'impronta ambientale che non è quella che molti credono. L'agricoltura e la zootecnia sono necessarie, sia ben chiaro, permettono la sussistenza a otto miliardi di persone, ma non confondiamole con la natura e con un ecosistema naturale, sano e in equilibrio. Si parla sempre di migliorare l'eco-sostenibilità, questo dovrebbe essere già un indizio. Siamo un peso, possiamo esserlo grande o più piccolo, ma con questi numeri demografici è impossibile non esserlo.

È forse questa mancanza di consapevolezza il motivo che inconsciamente o egoisticamente ci fa comportare in questo modo poco responsabile, senza il minimo pensiero e scrupolo per ciò che lasceremo? L'esempio più palese e comune, è la risposta che ti danno quasi tutti ad una semplicissima domanda. Se chiedi a chi pratica enduro, downhill o sci, se ama la montagna o il bosco, ti risponderà sicuramente di sì. Hanno un concetto contorto, non gliene faccio una colpa, è solo che secondo me è un po' distorta la loro idea della montagna. Più che amarla gli serve per la loro passione e forse non si rendono conto che la stanno distruggendo. Se la montagna fosse una persona, rientrerebbero fra quelli che dicono di amare una persona ma la picchiano. Estremizzato come paragone? Può darsi, ma il concetto è quello.

Crescendo ho smesso di dire che amo gli animali, ne puoi amare qualcuno di particolare, ma proprio quel tale soggetto, il tuo cane o gatto. Gli altri ti piacciono, alcuni, non proprio tutti; altri ti piacciono in padella. A me interessano, mi incuriosiscono, mi piace soprattutto l'ecologia nel suo insieme. Una bella differenza. Se a una persona che dice di amare gli animali chiedi quali, ti elenca qualche specie, quasi sempre domestica e finisce lì. Peccato solo che le specie al momento conosciute siano oltre 1,5 milioni. In realtà sono molte di più, la stragrande maggioranza non è classificata o semplicemente è ancora da scoprire.

Di prassi le persone comuni si prodigano a tutela di due/tre specie domestiche, delle quali il mondo e la sua ecologia farebbero tranquillamente a meno o a tutela di altri domestici negli allevamenti intensivi. In realtà andrebbero tutelati gli habitat, perché gli animali selvatici sopravvivono solo grazie a quelli e molti di essi sono delle vere e proprie nicchie per animali molto specializzati. Senza questi ambienti ci resterebbero solo i moderni giardini zoologici nei quali si svolge un importante lavoro di conservazione 'ex-situ' (un vero e proprio allevamento di specie minacciate nel proprio ambiente naturale) che sono fondamentali per il mantenimento della specie e del loro genoma. È triste sapere che alcune specie sono oggigiorno presenti esclusivamente in questi giardini. Alcune specie di uccelli, di pesci, di rettili, di anfibi, di molluschi, di artropodi, ma anche di mammiferi, come il cervo di padre David (Elaphurus davidianus) e l'orice dalle corna a sciabola (Oryx dammah), sopravvivono solo negli zoo. La lista di queste specie la trovate in rete digitando "Specie estinte in natura o Extinct in the wild" con sigla EW della Lista Rossa IUCN. Questo per far capire che dal dodo ad oggi i risultati sono sempre quelli.

La maggioranza delle persone pensa che limitando la caccia si risolva tutto, in realtà anche abolendola completamente, se non si tutelano gli habitat, non si risolve molto. Mi è chiaro dal comportamento di tanti che questo concetto è sconosciuto. La montagna e il bosco avrebbero così tanto da offrire, da raccontare, da incuriosire; potrebbero incantarci con tante meraviglie, rigenerarci la mente e il corpo allontanandoci dallo stress della nostra civiltà caotica. Condurci in un mondo dove si impara a notare i dettagli per comprendere le reali differenze.

È molto triste invece, vedere che questi luoghi vengono vissuti come un parco divertimenti e spremuti superficialmente come fossero limoni; umani convinti che tutto sia eterno e che un giorno si potrà costruire tutto da capo.

Tutto è basato sul business immediato; dove una costoletta, una birra, della musica a palla, sembrano l'unica attrazione possibile. Dove il vero tesoro passa in secondo, anzi ultimo piano. Un atteggiamento forse comprensibile da parte di coloro che ci passano il fine settimana o la settimana di vacanze, ma molto meno da chi lì ci vive per tutta la vita e lascerà la sua eredità ai discendenti. Tutto il mondo gira intorno al denaro, ma sono convinto che si possa fare di meglio. Mostrare, raccontare, spiegare, ISTRUIRE, devono far parte di questo folle e miope circo.

Sarebbe triste se fosse solo il cambiamento climatico, con l'assenza di neve e dell'acqua per la neve artificiale, a risvegliarci da questo folle trip. Sono estremamente convinto che bisogna trovare un tornaconto per chi decide di salvaguardare un habitat. Non importa se siamo nel Serengeti o sulle Alpi. Chi in questi posti ci vive vuole guadagnare, ovvio. Bisognerebbe però valutare molte cose, in primis per quanto tempo la gallina deporrà uova dorate a queste condizioni, se ci sono possibilità redditizie meno invasive e se quelle attuali sono migliorabili sotto questo punto di vista. Nel Serengeti non è stato (e non è ancora oggi) semplice convincere le popolazioni locali che le loro mandrie, sempre più grandi, la caccia di frodo e l'agricoltura industriale, siano un problema serio per quell'ecosistema. Trovare e proporre altre possibilità di introito non è sempre facile, ma il turismo e la sua caccia, quella con le macchine fotografiche, sta dando i suoi frutti. Il turismo ben organizzato e con basi ecologiche sta salvaguardando un territorio e la sua popolazione grazie ai tanti posti di lavoro che ha creato. Non si può solo vietare le fonti di guadagno, bisogna poter offrire delle alternative allettanti. Qui sulle Alpi il discorso è diverso, qui è proprio il turismo sfrenato, fuori controllo a essere rimasta l'unica, o almeno così sembra, fonte di guadagno. Vanno studiate altre soluzioni e migliorata la sostenibilità. Bisogna vietare la trasformazione di altro bosco in piste da sci ed edilizia speculativa che riempie gli appartamenti solo per poche settimane l'anno. Nell'ultimo secolo c'è stata la corsa dalla montagna alle città per un lavoro e uno stipendio sicuro, ora crescono a dismisura i paesi di alta montagna, con case turistiche, alberghi e lavori stagionali. Come detto, non è facile trovare alternative, ma a me sembra che nemmeno ci si impegni a cercarle.

Il cambiamento climatico non si può negare, e una delle cause principali sono i gas serra, fra di essi c'è la CO_2. Non entro nell'argomento di quali settori ne producono di più (anche se molti di essi vi stupirebbero), ma voglio chiarire il fatto che quasi ogni attività e settore ne produce e uno di essi, del quale si discute pubblicamente e politicamente di più, è quello energetico. Quello che nella norma non si nomina, è che la CO_2 in natura viene anche fissata dalle piante. Le piante durante il processo di fotosintesi clorofilliana trasformano l'energia solare + sei moli di CO_2 + sei moli di H_2O (acqua) in una mole di glucosio con sei moli di ossigeno come sottoprodotto. Sul nostro pianeta questo è nettamente il processo di produzione primario di sostanza organica composta da carbonio; trasformando il carbonio atmosferico in biomassa (il ciclo del carbonio). Gli alberi, con il loro legno, sono quindi fondamentali per immagazzinare il carbonio per tanto tempo. Le parti verdi delle piante vengono rinnovate annualmente e la loro decomposizione rapida, libera velocemente il carbonio. Per trattenere l'anidride carbonica abbiamo bisogno di tanta sostanza organica in crescita e che viva per molto tempo. Il legno si decompone lentamente e rilascia il carbonio pian piano; ma se noi invece lo usiamo per ardere, come usiamo i vari combustibili fossili (carbone, petrolio e gas) la quantità di carbonio liberata sarà tanta e in poco tempo. Questo dovrebbe far capire perché disboscare per attività che producono, sia nell'allestimento (produzione materiali e messa in opera), che nella loro funzionalità e mantenimento producendo molta anidride carbonica, sia un doppio, grave errore, specialmente se il cambiamento climatico sta mettendo in difficoltà la tua stessa attività. Noi invece, produciamo anidride carbonica, liberiamo anidride carbonica fissata milioni di anni fa e riduciamo gli alberi che sono gli unici che possono fissarla per molto tempo; poco lungimiranti. Forse un giorno una fotosintesi artificiale (cattura e fissazione artificiale della CO2) ci darà una mano, vedremo. Negare questo problema o rimandarlo in continuazione, è sintomo di chi affronta il tempo senza una vera cognizione di ciò che realmente è o che vive egoisticamente.

Tempo fa, sempre in questo bosco trovai un animale morto e seduto su un tronco iniziai a pormi delle domande.

Questi sono gli appunti di quel giorno: *"...cosa resterà di me, non fra mille anni, ma fra due generazioni. Cosa è restato dei miei nonni? Pochi oggetti, alcuni sbiaditi ricor-*

di; e dei miei bisnonni? Nulla, forse un quadro, non dipinto da loro. Qualche piccolo ricordo nei miei genitori, anche loro ormai vicini agli 80. Ho avuto i figli tardi, il primo a 40, la seconda a 42. Chissà se avrò dei nipoti, e se sì, cosa ricorderanno di me? La casa dei miei nonni materni non esiste più, in quella dei miei nonni paterni non so chi ci viva. La casa dei miei genitori, in un futuro che spero lontano, ma che poi tanto lontano non è, verrà abbattuta. Mia madre e mio padre mi raccontavano di quando arrivò il primo televisore, prima nel bar del paese, qualche anno dopo a casa loro. La generazione prima della mia, ha vissuto per una parte della sua vita senza una tv e io ho vissuto una parte della mia vita senza computer e telefono cellulare. Una generazione prima della mia, l'autovettura la possedevano in pochi, oggi ce ne sono quattro per famiglia. Due generazioni prima della mia la plastica era una novità, ora ci seppellisce. Due generazioni prima della mia eravamo 2 miliardi, ora che sono nati i miei figli siamo in 8 miliardi. In due generazioni è cambiato tutto. In due generazioni il mondo e la sua natura è stato violentato e affollato; il tutto in sole due generazioni. Per la quarta generazione (ovvero 100 anni), non sei più nessuno. La quarta non sa nulla di te, la quarta generazione non ha ricordi di te. Recentemente in tre generazioni abbiamo stravolto e messo in ginocchio il mondo, ma al ritmo di questa crescita demografica mondiale ne basteranno due per un colpo quasi letale. Quando penso che non c'è più tempo, è perché purtroppo è così. Fra due generazioni, quindi i miei nipoti, i figli dei miei figli, saranno nella merda. Ma noi vediamo tutto lontano. Tanto fra tre generazioni nessuno saprà chi eravamo e noi oggi, non sappiamo chi saranno loro... non ci si conosce."

Ovviamente il problema non è se qualcuno si ricorderà di me, e se sì, per cosa. Da morto smetterò di pormi domande, almeno lo spero. La domanda e il problema che mi ponevo quel giorno era se questa nostra brevissima presenza, con una consapevolezza così limitata di passato e futuro, possa essere la causa di questa egoistica mancanza di rispetto; e pensare che fino ai nipoti siamo quasi tutti come chiocce agguerrite…
Tutto sta nel conoscere la natura delle cose o le persone? De rerum natura.

ANDIAMO A CERCARE FUNGHI?

"L'ecologia ci insegna che la nostra patria è il mondo."
Danilo Mainardi

"Tu dici di non vedere benissimo, ma alla fine trovi sempre più funghi di me!"
"Hai ragione Nic, non vedo più bene come una volta, ma so dove cercare."
Ho incominciato a frequentare il bosco cercando funghi con mio padre quando camminavo appena e la maggior parte del tempo lo passavo sulle sue spalle. Anche Nicolas e poi Ava hanno conosciuto il bosco in questo modo, ora non li porto più, vanno come dei camosci, ma a cercare funghi sono ancora più bravo io.
"Allora potresti raccontarmi qualche segreto, così ne troviamo di più!"
Non sono un micologo, ho letto molti libri, questo sì, conosco molte specie, ma la cosa che ho studiato più volentieri era la vita dei funghi, più che le numerosissime specie.
"Ok, volentieri, se hai interesse e pazienza ci provo. Innanzitutto, bisogna precisare che i funghi appartengono a un regno a sé stante, non sono né piante, né animali e si suddividono in organismi unicellulari, e pluricellulari. Ai primi, appartengono ad esempio i lieviti, e li dovresti conoscere visto che il papà li usa per fare il vino, essi infatti trasformano lo zucchero del succo d'uva in alcool, ma i lieviti sono anche i responsabili della lievitazione del pane e della pasta della pizza che ami tanto. Le cosiddette muffe invece sono molto utili nella produzione dei formaggi ma anche dannose per la salute,

mentre ai secondi appartengono i macrofunghi, i quali comprendono le specie più conosciute, come quelle che raccogliamo noi nel bosco e che poi la mamma cucina, ma come ben sai ce ne sono anche di tossici. Questi ultimi sono formati da un insieme di ife, ovvero filamenti sottili di grandezza microscopica che, intrecciandosi e ramificandosi, danno vita al corpo vegetativo detto propriamente micelio, il quale costituisce il vero organismo fungino.

Il micelio, salvo casi eccezionali, non è visibile, in quanto si sviluppa sotto terra o all'interno del substrato di crescita. L'altra parte, che compone l'organismo fungo è il corpo fruttifero, o per essere più pignoli lo sporoforo, ovvero l'organo deposto alla diffusione delle spore e che normalmente chiamiamo, in maniera inesatta, con il nome di fungo. Il corpo fruttifero, come succede per le piante, ha bisogno di particolari condizioni per svilupparsi e crescere: acqua, temperatura ottimale e il substrato di crescita giusto, ma a questo ci arriviamo dopo. Il micelio se non muore può fruttificare, per diversi anni e di conseguenza riprodursi per via sessuata. Lo fa grazie alle spore che vengono prodotte nella parte fertile del fungo ovvero nell'imenoforo, questo può avere diverse forme, a pliche come i finferli (Cantharellus spp.), lamelle come nelle russole (Russula spp.), tubolati come i porcini (Boletus sp.), ad aculei come per gli steccherini (Hydnum sp.), ma ci sono generi dove le spore sono addirittura racchiuse all'interno del corpo fruttifero stesso, questi sono detti gasteromiceti, perché hanno le spore contenute nella pancia (gaster=stomaco in greco), per intenderci le piccole vescie (Lycoperdon spp.) che quando le schiacci da maturi fanno una specie di nuvola di fumo, bene, quel fumo è composto da migliaia e migliaia di spore che vengono rilasciate in massa. Queste spore produrranno

dei miceli primari (ife) che però non sono ancora in grado di fruttificare e che avranno bisogno di un secondo passaggio. In questa seconda fase, i due miceli primari di carica sessuale opposta (+/-) si uniranno in un micelio secondario, fertile, capace di fruttificare. Per questo motivo è importante lasciare maturare i funghi e utilizzare per quelli raccolti ceste o zaini con fondo a rete, proprio per aiutare la dispersione delle spore nel loro ambiente durante il camminare."
In un certo senso possiamo paragonare in modo semplicistico le spore agli acini dell'uva, il porcino che noi raccogliamo all'uva stessa, e il micelio alla vite.
"Quindi raccogliere un fungo è come raccogliere una mela?"
"Sì e per questo motivo sono contrario all'utilizzo del coltello durante la raccolta. È meglio girare il fungo e coglierlo, se lo tagli lasci una ferita di una superficie maggiore e in quella zona potrebbe insediarsi qualche fungo/muffa/parassita e parassitare tutto il micelio. Un po' come quando potiamo gli alberi o le viti, se lasci grosse ferite è meglio coprirle con dei prodotti disinfettanti e della cera."
"Capito, ma ancora non ho capito cosa c'entra tutto questo con il fatto che tu trovi più funghi di noi."
"Ci arrivo, ma è importante che tu capisca un po' anche il resto. Allora, i funghi sono organismi eterotrofi, quindi come gli animali, al contrario delle piante, hanno bisogno di nutrirsi di sostanze organiche. Questo fattore lega i funghi alle risorse alimentari disponibili nel substrato di crescita, e non esiste composto organico che non possa essere usato come alimento per la vita di una qualche specie fungina. Va da sé che ogni ambiente avrà le sue specie fungine, ma non è tutto. I funghi hanno tre modalità con cui si garantiscono il proprio nutrimento ovvero: saprofiti, parassiti e simbionti. I saprofiti, si nutrono di sostanza organica, animale o vegetale,

non viventi, quindi già morta, come ad esempio fogliame, ramaglie, eccetera. Le specie saprofite sono importantissime, perché insieme ai batteri e ad altri microrganismi degradano e riciclano la sostanza organica impedendone l'accumulo e rendendo nuovamente disponibile sotto forma di composti più semplici, rendendo più fertile il terreno. Sono in pratica gli spazzini che tengono il bosco pulito. Diversi funghi come il coprino chiomato detto anche fungo dell'inchiostro (Coprinus comatus), i prataioli (Agaricus spp.) e la macrolepiota gigante o mazza di tamburo (Macrolepiota procera) che adori impanate e fritte, solo per elencartene alcuni, appartengono a questa categoria. Quindi dove vado a cercarli? Dove c'è tanta sostanza organica, e se ricordi bene le Mazze di tamburo le troviamo dove ci sono molti alberi caduti e in via di decomposizione e in quei boschi vediamo sempre anche molti picchi che cercano larve. Non è mica un caso sai? In quei boschi maturi troviamo molto spesso anche i parassiti. I funghi parassiti si nutrono a spese di altri esseri viventi, animali o vegetali, definiti ospiti, i quali vengono attaccati e successivamente condotti alla morte. Non ci sono solo l'oidio e la peronospora che ci attaccano le rose, le mele e l'uva, ma anche macrofunghi come la fomitopside magrinata (Fomitopsis pinicola), la specie di lignicolo più frequente e vistosa nei nostri boschi, o l'eterobasidio annoso (Heterobasidium annosum) il più temuto dalle conifere, il quale causa marciumi radicali e conseguente collasso, anche i chiodini (Armillaria spp.) sono parassiti, così come molte altre specie. I parassiti sono definiti anche patogeni e quindi dannosi, in realtà hanno un ruolo selettivo nei confronti degli individui più deboli, favoriscono lo sviluppo degli esemplari più forti facendoli in questo modo crescere e svilupparsi in maniera più vigorosa, ad esempio demolendo gli alberi più anziani per far spazio a quelli più giovani, o quelli meno idonei ad un habitat, quindi sono fondamentali perché regolano il bosco. Anche questi, se hai un buon occhio sai dove andarli a cercare. Infine ci sono i simbionti, per quelli è più utile guardare in alto che in basso, e ora ti spiego il perché. I simbionti instaurano una simbiosi, letteralmente 'vita in comune', con un altro organismo, dalla quale entrambi traggono beneficio. La simbiosi che si instaura a livello radicale tra la pianta e il fungo è detta propriamente micorrizica, ovvero il fungo, grazie al suo micelio sparso nel terreno crea una sorta di prolunga dell'apparato radicale della pianta, in questo modo la pianta riesce ad avere una maggior superficie di assorbimento di sali minerali e di acqua, a sua volta la pianta in cambio di questo servizio cede come ricompensa al fungo gli zuccheri ottenuti tramite la fotosintesi. I funghi simbionti sono davvero molti, da quelli più buoni, tra cui i porcini (Boletus ssp.), i finferli (Cantharellus spp.), l'amanita dei cesari o ovolo buono (Amanita caesarea), quelli velenosi come l'amanita delle mosche o ovolo malefico (Amanita muscaria), altri addirittura mortali per l'uomo come l'amanita falloide o tignosa verdognola (Amanita phalloides) ed il cortinario orellanoide (Cortinarius orellanoides), solo per fare qualche esempio. C'è però una cosa interessante da tenere a mente, molti di loro sono simbionti di una o più specie di piante/arbusti, le specie invece legate ad una unica specie di pianta/arbusto vengono definite esclusive, come avviene per esempio per il suillo dorato o laricino (Suillus grevillei) che è esclusivo del larice, oppure il leccino dei pioppi (Leccinum albostipitatum) esclusivo del pioppo tremulo. Hai capito il perché è importante anche guardare in alto per trovare funghi?"

"Cerchi gli alberi!"

"Dipende dal fungo che cerco. Ma non è tutto qui. Noi giriamo nel bosco tutto l'anno a cercare tracce animali, ma non osservo mica solo quello, guardo il bosco, come cambia, le zone di boschi giovani ed i boschi vecchi, dove ci sono carpini, castagni, abeti, larici, betulle e così via. In primavera guardo quali zone del bosco hanno ancora la neve e quali no, in queste ultime il terreno si scalda prima, ma nei periodi di poca pioggia saranno anche le più secche. Il bosco lo devi vivere e capire. Allora tutto ha una sua logica. Quando la stagione è generosa e crescono funghi anche sull'asfalto, sono bravi tutti! Ma io li trovo anche quando tutto è contrario e gli altri non li trovano, li trovo anche se non ci vedo benissimo."

"È complicato cercare funghi!"

"No, basta conoscerli e conoscere il bosco. Se conosci il bosco, ti rendi conto che tutto è vivo, che tutto ha un suo ruolo, che tutto ha una logica e che tutto è bellissimo da osservare e poi i funghi sono interessanti per tante altre cose."

"Quali?"

"I funghi sono da sempre alleati della nostra salute, lo sapevano già i nostri antenati migliaia di anni fa, come Ötzi che portava con sé dei corpi fruttiferi di piptoporo della betulla, conosciuto anche come fungo di Ötzi (Piptoporus betulinus), utilizzati per curarsi, gli antichi egizi sapevano che alcune muffe potevano curare da alcune malattie; ma anche per molte scoperte recenti, dalla penicillina a farmaci antitumorali o contro il rigetto di organi trapiantati possiamo ringraziare i funghi. Andiamo a cercarli?"

LE SIMBIOSI SPESSO DIMENTICATE

"La stabilità dell'ambiente interno è la condizione per una vita libera."

Claude Bernard

Stavo osservando un lichene, era attaccato ad un ramo di larice. Turchese, soffici, leggeri, mi affascinavano fin da bambino. Giocavo con questo rametto a pochi centimetri dal viso, lo osservavo da tutte le angolazioni possibili, ero seduto su un vecchio tronco di betulla. Sotto il mio sedere sentivo il rumore di quel maledetto cuscino gonfiabile che da più di un anno ero costretto a portare con me. Avevo perso 20 kg, ero più ossa che carne e per tutto ciò potevo ringraziare un fottutissimo batterio che mi ero beccato in ospedale durante il ricovero dovuto al mio incidente in montagna. L'intestino era andato a farsi benedire, avevo rischiato necrosi e operazioni varie, dopo due anni mi stava ancora dando il tormento. Questo problema mi aveva però permesso di imparare e studiare alcune cose di cui vi parlerò a breve ed era il motivo per il quale fissavo quel lichene. I licheni sono degli organismi, molto affascinanti per diversi motivi, sono un singolo organismo composto da più esseri viventi. Nella norma un fungo e un'alga o un fungo e un cianobatterio, in entrambi i casi il fungo ha un partner in grado di svolgere la fotosintesi. A voler essere precisi, recenti ricerche hanno dimostrato che non sono nemmeno in due, e che spesso i licheni sono composti da un fungo, un'alga, dei batteri e altri organismi uni o pluricellulari. In alcuni licheni non avvengono le classiche simbiosi, vivono e si moltiplicano come un organismo unico, entrambe le parti sono totalmente dipendenti l'una dall'altra. Questo piccolo lichene mi fece pensare a molte cose, una delle quali era quanto siamo legati agli altri esseri viventi. Le prime cose a cui uno pensa è il legame che abbiamo con piante e altri animali, senza le piante non esisteremmo, non ci sarebbe ossigeno, ma senza piante non ci sarebbe un'altra cosa fondamentale, non ci sarebbero nutrimenti. Solo le piante e alcuni Batteri riescono a trasformare l'acqua, e la CO2 in sostanza organica (zuccheri) grazie alla fotosintesi e noi possiamo nutrirci delle piante o di altri animali che si nutrono di esse. Quindi la nostra esistenza è possibile grazie alle piante.

Le piante stesse, quasi tutte, vivono grazie ad un altro organismo, i funghi, e questo grazie alla micorriza. Questa è una cosa molto affascinante, e ci sono tantissimi studi, specialmente recenti. Si tratta di una simbiosi particolare, dove fungo e pianta si scambiano delle sostanze. È una materia molto complessa di cui magari parlerò in un'altra occasione, quello che vorrei dire oggi è che esistono piante e funghi che sono uniti fra di loro, e possono, in diversi casi, anche lavorare in rete. Queste ragnatele possono essere molto vaste e lo scambio di sostanze tra le componenti molto complesso e interessante. Questo lichene è un esempio in più di quanto gli esseri viventi siano interconnessi con altri, e noi? Sempre guardando il lichene mi chiedevo quale dei due organismi comandasse chi e se realmente uno dei due fosse il padrone dell'altro. I funghi davano origine ai licheni, erano fondamentali per l'esistenza di quasi tutte le piante, ma che rapporto avevano con gli animali? I primi esempi che mi vennero in mente, forse perché molto impressionanti e interessanti, erano alcune ricerche che riguardavano le formiche. La prima riguarda le formiche tagliafoglie (genere Atta e Acromyrmex), esse infatti coltivano minuziosamente un fungo (un Lepiotaceae) all'interno del nido (vedasi Wilson), del quale si nutrono e con il quale hanno instaurato un mutualismo affascinante, in realtà il mutualismo è tripartito con un batterio, il quale è un actinomicete che vive sul corpo della formica. Questo batterio funge come difesa contro patogeni pericolosi per il fungo. La seconda riguarda la formica carpentiere, Camponotus leonardi e il fungo Ophiocordyceps unilateralis. In questo caso il fungo entra nel corpo della formica e prende diciamo, possesso della sua volontà, la costringe a posizionarsi su una pianta a circa 25 cm e lì, quando temperatura e umidità saranno corrette, darà un ultimo morso ad una nervatura importante di una foglia. La formica morta rimarrà così bloccata e il micelio che fuoruscirà dalla formica entrerà nella foglia e la legherà ad essa. Il fungo si nutrirà del contenuto della formica fino a quando dall'insetto non uscirà il corpo fruttifero. Da questo, poi, verranno liberate le spore che inizieranno un nuovo ciclo vitale, appiccicandosi alle nuove formiche. Cosa costringa le formiche ad obbedire al fungo è ancora in fase di ricerca ma sembra che esso liberi sostanze chimiche che lavorano sul sistema nervoso centrale, probabilmente qualcosa che altera la presenza e la concentrazione di alcuni amminoacidi. Questi sono due esempi molto diversi di mutualismo e parassitismo, che però ci fanno capire quanto tutto possa essere collegato, molto più di quello che noi pensiamo. Sono ormai molti anni che so che i funghi sono fondamentali per l'esistenza di molte specie, dai licheni alle piante, dalle formiche tagliafoglie ai mammiferi. Ero alle scuole medie quando studiavo i ruminanti e i loro sistema digestivi poligastrici, in cui i funghi e i batteri permettono loro di digerire la cellulosa e non solo. Ma torniamo a me, al mio problema di salute legato alla digestione.

L'essere umano è ricco di microorganismi simbiontici che convivono nell'organismo umano senza danneggiarlo. Quelli più famosi, anche grazie alle infinite pubblicità televisive, sono quelli del microbiota intestinale, ma c'è anche quello gastrico, quello della gola, della bocca e altri; e cambiano in base agli habitat, che cambiano in base alla nostra salute, dieta, età e ad altri parametri. Il nostro microbiota è un buon esempio di mutualismo, una cooperazione tra diverse tipologie di organismi viventi, che variano dalle 500 alle 1000 specie diverse di soli batteri che portano vantaggi a tutti gli attori protagonisti. Non ci sono solo i batteri, ma anche miceti (funghi), protozoi, archeobatteri e virus. Essi sono in grado di disgregare le cartilagini, la cellulosa, di sintetizzare la vitamina K, decomporre alcune sostanze cancerogene e molto, molto altro. Alcuni ricercatori descrivono il nostro microbiota come un vero e proprio organo, è come se esso avesse mediato all'assenza di un organo in grado di svolgere le suddette azioni fondamentali o forse, vista la sua presenza il corpo ha pensato di non sviluppare un organo apposito durante l'evoluzione. Il nostro microbiota garantisce il buon funzionamento del tratto digestivo grazie a delle azioni fisiologiche, è responsabile di molte attività metaboliche (modula il glucosio e il colesterolo nel sangue, regola la sensazione di sazietà, sintetizza amminoacidi, influenza il metabolismo di polifenoli e antiossidanti e la produzione di energia e di vitamine), regola lo sviluppo e la funzione delle cellule immunitarie, si occupa della difesa da patogeni, dell'eliminazione di tossine, dell'integrità della barriera intestinale, della modulazione neuroendocrina e della regolazione dell'asse intestino-cervello. Per me è stato interessante scoprire che condiziona la produzione di so-

stanze psicoattive come dopamina e serotonina, sostanze
che influenzano i nostri stati d'animo. Non voglio ora entrare nei dettagli di questo mondo (scientifico) tanto affascinante, ma tutte queste letture non hanno fatto altro che ricordarmi e confermarmi quanto, molte cose, per non dire
tutte, siano collegate. Mi sembrava di leggere un trattato di
ecologia. Come ho accennato all'inizio, in sala operatoria,
dopo il mio incidente e durante l'operazione ho contratto un
batterio, di quelli che chiamano resistenti e che provoca anche necrosi. Non lo hanno individuato subito, per la continua dissenteria incolpavano gli antibiotici post intervento, e
così lui, immune ad essi, ha festeggiato allegramente nel
mio intestino. Successivamente ci sono voluti diversi cicli
di antibiotici mirati per debellarlo e questi hanno messo in
ginocchio il mio microbiota, già debole per la sua presenza.
Sarà l'età, saranno stati gli antibiotici forti, sarà stata la cura
iniziata tardi, ma ho passato quasi tre anni assurdi: ho passato più giorni in bagno che in qualsiasi altro posto, ho perso 20 kg, passando da 86 a 66 kg e la cosa più provata è stata proprio la psiche.
Non assorbire sostanze utili è veramente deleterio, per corpo e mente.
In questi tre anni, da interessato costretto, ho studiato il microbiota e ho scoperto che senza di lui moriremmo. Vedere
quel lichene e sapere che anche io sono qualcuno solo se unito al microbiota, tanto unito che non si capisce dove inizio io
e dove finisce lui, mi ha fatto pensare a tutti quegli attori
simbionti che in me vivono e mi permettono di esistere.
Dovrei essere, sicuramente, a loro più grato, iniziando da
una corretta alimentazione.

QUANDO I MIEI PENSIERI PARTONO PER LA TANGENTE (SPESSO) E L'ECOLOGIA MI RIPORTA AL RITMO CIRCADIANO.

"...perché un uomo è ricco in base alle cose che può permettersi di perdere."

H.D. Thoreau

Quando parlo e discuto con altre persone (di tutte le età), a prescindere dell'argomento, mi rendo conto di quanto sarebbe utile la conoscenza dell'ecologia. Questa materia, che per colpa di un vocabolo utilizzato spesso e a sproposito, sarebbe il collante e la chiave di lettura del mondo intero. La definizione di ecologia data dalla Treccani è questa: "Studio delle interrelazioni che intercorrono fra gli organismi e l'ambiente che li ospita. Si occupa di tre livelli di gerarchia biologica: individui, popolazioni e comunità."
Purtroppo oggi con ecologia si pensa spesso ad azioni umane virtuose nei confronti dell'ambiente o degli animali, ma si perde così il focus sul suo campo di studio.
Lo trovo un peccato, perché sul significato vero di questo vocabolo si basa tutto ciò che ci circonda, tutto ciò che accade e ci aiuterebbe a capire molte cose. La capacità di vedere sempre l'insieme in un quadro, non solo i singoli dettagli, è di grande aiuto per comprendere le situazioni spesso distorte dal primo e più eclatante particolare che offusca tutto il resto. La difficoltà consiste nel districarsi fra materie apparentemente molto lontane fra loro, ma che in realtà sono tutte mattoni essenziali dello stesso muro e che solo una volta uniti potranno essere anche una chiave di volta.

Queste relazioni, che possono essere di tante tipologie diverse, sono tanto più interessanti quanto più ci si addentra. Sono un pozzo senza fine.

Purtroppo, tutto ciò è talmente vasto che è quasi impossibile contemplare tutto, per vedere l'insieme devi allontanarti talmente tanto che poi ci vorrebbe la vista di un geco o di un falco per cogliere anche i dettagli.

Ogni volta che cercavo di capire una cosa mi accorgevo che mi mancavano le basi, non le specializzazioni, di qualche altra materia. Ne sbucavano continuamente di nuove e questo mi irritava, non riuscivo a fare i progressi che volevo, non era questione di tempistiche, era proprio questione di vicoli ciechi. Avevo la consapevolezza, il calcestruzzo, ma mi mancavano alcuni mattoni, troppi: il sapere e la conoscenza. Quel giorno, un pomeriggio di inizio estate, ero seduto fra dei massi di dolomia, una frana caduta chissà quando, aveva prodotto questa lingua di sassi che attraversava un bosco di abeti rossi. In questo posto avevo osservato e studiato più volte i camosci, avevo cercato vipere e avevo vissuto tantissime giornate convinto che prima o poi sarei riuscito a vedere un ermellino. Qualche inverno prima avevo notato le sue impronte e così mi ero incaponito che prima o poi lo avrei visto. Mi ero sbagliato.

Comunque quel pomeriggio ero lì ad aspettare chissà chi, ero come in una trincea, seduto fra migliaia di macigni che non avevano nessun interesse per il gioco del Tetris. Fra quelle pietre si stava bene, c'era fresco e l'aria che saliva dal basso si scontrava con quella calda dell'ambiente soprastante. Avevo sonno, ma non volevo dormire, avevo trovato questa fossa ed era perfetta per vedere tutta la frana. Qualsiasi animale che volesse andare a nord doveva abbandonare la sicurezza del bosco e attraversare questi 30/40 m per tornare nella sicura foresta ed io sarei stato lì con il mio elmetto di stoffa ed il mio binocolo ad aspettare. Ma ero stanco, nessuno voleva andare a nord e nessuno tornava dal nord. Così mi chiesi quale problema avessi con il dormire e mi resi conto che non c'era un reale motivo per non dormire, se non l'abitudine. A quest'ora non si dorme, a quest'ora si è svegli; e chi lo ha detto? Mi chiesi. Sapevo cosa mi stava aspettando. Pensai alla mia vita, da quando sono nato, se escludiamo il primo anno dove ho fatto impazzire mia madre, ho quasi sempre dormito quando e per il tempo che decidevano altri per me. Anche da adulto, l'orario di sveglia è influenzato dal lavoro e dai ritmi di altre persone. La sera si va a dormire dopo mille cose che vanno eseguite, dopo un film che va visto fino alla fine, dopo una cena importante, dopo… dopo… dopo…

Ma gli animali come dormono. Che ritmi di sonno-veglia hanno? Com'è il loro ritmo circadiano? Diverso, in base alla classe, ma anche alla famiglia, all'ordine e alla specie, basti pensare a Martes martes e Martes foina (martora e faina). Di sicuro gli animali, salvo i domestici (specialmente pet ma anche animali da allevamento zootecnico), hanno un ritmo dormi-veglia molto più coerente con il loro ritmo circadiano. Io ero stanco, ma ero in pericolo? No, e perché dormire doveva essere un problema? La sera, si cena, si guarda la tv, un film, come se fosse un obbligo anche se il finale non si vede quasi mai, si lotta per stare svegli, ci si addormenta comunque, bisogna svegliarsi, andare a letto, magari non si prende subito sonno; la mattina poi ti alzi quando devi e non quando sei riposato.

Molti animali hanno un ciclo di dormi-veglia che sembra perpetuo, altri dormono di notte, altri ancora di giorno, altri non fanno grande differenza fra giorno e notte. Ho osservato molti animali mentre dormono: uccelli, mammiferi, retti-

li, insetti, anche se non è sempre facile essere certi del fatto
che siano davvero in Off. I serpenti son privi di palpebre e
gli insetti e altri artropodi sono ancor più difficili da cogliere sul fatto, anche se qualche indizio lo possono dare. Gli
animali che possono essere prede hanno il sonno leggero e
sono consapevoli che dormendo diventano più vulnerabili,
proprio per questo motivo anche quando hanno le palpebre
chiuse, ho sempre il dubbio: dormono o riposano solamente? Vedi gli orecchi che continuano a cambiare orientamen-
to nonostante gli occhi chiusi. Tutt'altra cosa invece è osservare un gruppo di leoni dopo un pasto, il giusto riposo
dopo una caccia e una grande abbuffata, con loro il dubbio
che non dormissero non c'era, anzi avevo anche la sicurezza che ogni tanto sognassero.

Ma questo è solo un breve excursus, in verità mi stavo solo
rendendo conto che erano moltissime le situazioni nelle quali
volevo o dovevo stare sveglio, anche se il mio corpo avrebbe
voluto dormire. Il ritmo circadiano è un sistema complesso,
non regola solo il ritmo sonno-veglia, ma anche la pressione
arteriosa, il ritmo cardiaco, la temperatura corporea e il tono
muscolare. Questo complesso e formidabile orologio biologico è influenzato da molti fattori, alcuni esterni come le ore di
luce solare e la temperatura. Questo ciclo regola gli ormoni
del metabolismo e del sonno e se non sono allineati con
l'ambiente esterno ne risentiamo a livello psico-fisico.

Erano anni che dormivo male e così mi informai un po' a riguardo, non volevo dormire grazie a delle pastiglie, anche
perché quelle provate mi facevano dormire peggio. Secondo
diversi studi la giornata viene suddivisa in gruppi da tre ore.

1- Dalle 6 alle 9 il corpo si riattiva, la melatonina (ormone
del sonno) cala e il cortisolo (ormone che attiva la veglia)
aumenta.

2- Dalle 9 alle 12 abbiamo il picco massimo di cortisolo, aumenta la nostra temperatura corporea, gli organi sono al massimo della loro attività. Fisico e psiche sono al massimo della loro forma.

3- Dalle 12 alle 15 si fa carburante, si mangia e il corpo è principalmente occupato con la digestione. Il corpo rallenta, abbiamo il picco del glucosio nel sangue e un leggero senso di sonnolenza e torpore.

4- Dalle 15 alle 18 aumenta nuovamente la temperatura corporea, cuore e polmoni sono nel loro momento migliore e con questo è il momento ideale per fare sforzi fisici.

5- Dalle 18 alle 21 l'organismo rallenta e si regola per il riposo notturno. Periodo ideale per i creativi.

6- Dalle 21 alle 24, la temperatura lentamente scende, la ghiandola pineale inizia a produrre melatonina per facilitare il sonno, sarebbe il momento ideale per mettersi a letto.

7- Dalle 24 alle 3, livelli massimi di melatonina, pieno sonno, gli organi si riposano e recuperano energia per il giorno dopo.

8- Dalle 3 alle 6 scende la melatonina fino al minimo e l'organismo si prepara al risveglio.

Probabilmente molti dei miei malesseri sono causati dal mio ritmo circadiano sfasato. I disturbi possono essere molti. In me, come negli altri mammiferi questo ciclo è regolato dal nucleo soprachiasmatico dell'ipotalamo. La sua attività è influenzata dalla luce, dalla stimolazione luminosa che arriva all'ipotalamo attraverso la retina e dalla produzione di melatonina durante la notte. Se seguissimo il ciclo buio-luce naturale, il nostro orologio interno sarebbe in perfetta sincronia. Qualche ora di differenza, una, due, non sono un problema, il nostro orologio interno si adatta, ma quando succede che il nostro ritmo venga influenzato drasticamente da obblighi, abitudini e esigenze famigliari, sociali o lavorative, il nostro organismo non è in grado di sopperire a tale cambiamento senza conseguenze negative. Ci ritroviamo deboli, sia fisicamente che mentalmente e a peggiorare la situazione ci pensa un maggior disturbo del sonno stesso. Come succede a me che mi addormento con difficoltà, mi sveglio mille volte a notte e sempre prima dell'orario di sveglia.

Ero stanco, forse anche perché non passava nulla, solo un codirosso spazzacamino saltellava fra le rocce alla ricerca di insetti. Sembrava quasi destino, un esempio vivente di quanto possa essere importante il fotoperiodo. Infatti, è l'occhio che trasmette all'ipofisi le informazioni essenziali per regolare gli spostamenti stagionali (nel codirosso spazzacamino la migrazione è verticale), la muta del piumaggio e l'equilibrio ormonale per la riproduzione ed è di fondamentale importanza per i nidiacei, che quest'ultimo sia sincronizzato con la corretta disponibilità di alimenti ricchi in proteine.

La mia stanchezza aumentava e mi chiedevo se questo bisogno di dormire nel primo pomeriggio, fra dei massi, fosse dovuto al mio ciclo circadiano andato a rotoli o ad un semplice ritorno al dormire a bisogno. Abbassai il cappellino, cercai una roccia adatta alla mia schiena e mi incamminai verso il mondo onirico.

SOCIAL MEDIA, UNA MEDAGLIA A DUE FACCE

"Se distruggiamo il nostro pianeta distruggiamo noi stessi. Non esiste altro posto dove andare. Non esiste un pianeta B. Non sarà solo addio ai ghiacci. Ma addio alla vita."

Peter Wadhams

Ero alle superiori, al primo o al secondo anno, non ricordo bene; durante la pausa ricreativa sentii uno strillo, poi altre urla e vidi un gruppo di ragazzi che osservavano qualcosa e che si comportavano in modo strano. Mi avvicinai e sentii delle frasi: "Prendete una scopa!" "È una vipera!" "Serve un badile!"
Accelerai il passo, mi feci strada fra i ragazzi e cercai con gli occhi "Godzilla".
Lungo il bordo di cemento dell'aiuola, immobile e arrotolata su se stessa, una Natrice dal collare, lunga al massimo un metro.
"Calmatevi, non è una vipera e non servono scope e tanto meno badili. Mentre mi avvicinavo sentii la voce di un professore: "Mirko sicuro che non sia una vipera?"
"Certo e anche se lo fosse, evitiamo comunque i badili. Si è solo persa."
Sbottonai le maniche della camicia e me le arrotolai oltre al gomito.
"Non è pericolosa, non é velenosa e non è nemmeno tanto mordace, ha solo un piccolo difetto. Quando la prendi, per difesa, spesso..."
Come non detto.
Appena afferrata la natrice mise in atto una delle sue tecniche di difesa. Dalla cloaca espulse un liquido scuro e puz-

zolente che in piccola parte finì sulle mie mani.

"…intendevo proprio questo, quando parlavo di difetto. L'altra tecnica di difesa è la tanatosi, in pratica si finge morta, mettendosi spesso sulla schiena e con la lingua a penzoloni, un ottima attrice, ma se viene afferrata si difende come una moffetta." Dopo questa breve lezione sulla Natrix helvetica la lasciai libera nel bosco vicino alla scuola. Avrei voluto tenere una piccola lezione a professori e compagni su come distinguere i vari serpenti presenti in zona; su come escludere le vipere e come comportarsi con loro, ma non fu reputato interessante. Peccato.

Questo ricordo però mi fa rammentare un altro argomento complesso, un argomento del quale si discute molto, quello dei tanti video e foto che ritraggono persone insieme ad animali selvatici. Personalmente condivido quello che molti autori scrivono, non ultimo Marco Mastrorilli nel suo bellissimo libro 'IL VOLO RAPITO - Le scomode verità sul traffico illegale di gufi e di altri animali', in cui spiega che spesso questi post e servizi, fanno passare un messaggio sbagliato, quello che anche un animale selvatico sia simile a un PET, semplice da allevare e accudire. Nella realtà però non è facile nemmeno con quelli che reputiamo animali domestici, figuriamoci con gli animali selvatici, o persino quelli esotici, che richiedono spesso spazi enormi e climi e habitat diversi e particolari.

Questo è senz'altro un grosso problema, molte persone per moda, per manie di grandezza o altro vedono che la cosa è fattibile e la vogliono anche loro. Senza capacità, senza possibilità, senza la consapevolezza dell'impegno che necessitano; che loro stessi o i loro figli, si possano stancare. Succede quotidianamente con cani, gatti, conigli, tartarughe, che poi vengono abbandonati o liberati da qualche parte, figurarsi con animali più complessi. Tutto questo causa un danno in primis all'animale, ma anche agli ecosistemi in cui vengono rilasciate le specie, soprattutto se si tratta di animali alloctoni, magari invasivi, o domestici che possono mettere in pericolo il genoma delle specie selvatiche, predare la fauna selvatica, o causare incidenti stradali. Non nascondo il fatto che ho sempre riflettuto a lungo prima di fare alcuni post e devo ammettere che i molti commenti ricevuti mi hanno fatto vedere il tutto da diversi punti di vista. Non li ho mai fatti per manie di grandezza, per ostentare coraggio o per ricevere molti like anzi, spesso ho ricevuto messaggi che erano tutt'altro che lusinghieri, era un "che schifo", "che ribrezzo", "che paura", continuo. Un autogol pubblicitario se proprio. Il mio intento era ed è, quello di ridurre alcune paure che portano spesso all'eliminazione dell'animale. Che siano calabroni, processionarie, serpenti, ragni o scorpioni, le mie intenzioni sono quelle di farli conoscere meglio. Il terrore per molte specie non sono vere fobie, ma spesso paure causate da ignoranza o ricordi ancestrali. Paure e fobie sono cose diverse, le prime sono vere e proprie emozioni innate, utili a tutelarci da un reale pericolo. Sono paure momentanee, transitorie che ci possono portare alla fuga o anche a una reazione di attacco per la nostra incolumità e sopravvivenza. Anche la fobia porta ad una reazione, provocata questa volta però, da uno stimolo che deriva da una percezione alterata e distorta del pericolo. Le reazioni, sia fisiche che psichiche possono essere di vario tipo.

Quando posto per esempio un video o una foto nei quali interagisco con dei ragni, gli obiettivi che mi pongo sono due: uno, spiegare che non ha senso essere terrorizzati a prescindere da questi animali e i motivi son vari: i ragni di rilevanza medica in Italia sono solo due (salvo allergie, anche se allergie al veleno di ragni al momento non mi risultano) ed è abbastanza facile identificarli; parliamo del Ragno violino (Loxosceles rufescens) e la vedova nera mediterranea - o malmignatta - (Latrodectus tredicimguttarus). Moltissimi ragni non sono in grado di morderci, hanno cheliceri (zanne) troppo piccole per perforare la pelle. Quelli in grado di morderci (salvo i due che dicevo) hanno un veleno abbastanza blando che può causare sì, rigonfiamenti, prurito, dolore, rossore, ma nulla di grave e spesso è più il dolore meccanico che quello dovuto alla tossicità.

I ragni in generale sono schivi e scappano, sono anche rare le specie mordaci.

Il secondo scopo, quello che per me è più importante, è quello di evitare inutili massacri. Sono molte le specie animali (ragni, scorpioni, vespe, serpenti, eccetera) che vengono uccise senza un reale motivo, dimenticando che tutte hanno un ruolo importante nella nostra ecologia e che molte sono in pericolo e tutelate. Conoscere meglio le varie specie, il loro comportamento, saperli identificare, sapersi comportare di conseguenza, sono tutte cose utili per evitare questo continuo e di norma inutile massacro. Una paura ingiustificata per di più, fa vivere male la persona e provoca reazioni spropositate.

Anche trovarsi di fronte ad un animale velenoso, non giustifica comportamenti che spesso portano a un pericolo che in realtà non c'era come l'avvicinarsi per uccidere, costringendo così ad una reazione difensiva, non ha una gran logica. Se ci ragioniamo su, sarebbe come bastonare ogni cane solo perché in teoria potrebbe mordere. Questo esempio l'ho scelto perché dovrebbe farci capire quanto diversamente valutiamo i vari soggetti solo per il fatto che una specie ci è più famigliare di un'altra. Escludendo sempre le possibili allergie, che sono la causa principale delle morti causate da punture di api, vespe e noccioline a causa di shock anafilattici, in Italia ci sono statisticamente più persone morte per colpa dei cani, che dei ragni, serpenti e scorpioni. Eppure, la paura percepita in generale è più verso questi ultimi che per i cani. Nella norma abbiamo paura di ciò che non conosciamo e sottovalutiamo invece la pericolosità di chi pensiamo di conoscere donandogli troppa fiducia. Per di più, la paura e la fobia, inducono spesso a reazioni sbagliate e persino pericolose. Conoscenza e rispetto ti accompagnano su una via molto più sicura di quella imbucata grazie al terrore cresciuto sull'ignoranza.

I miei video e post sono tutti nati dalle nozioni che davo ai mie figli. Viviamo al confine di un bosco e per me era importantissimo che imparassero e conoscessero gli animali presenti. Conoscerli e rispettarli, sapersi comportare nelle varie situazioni, non avere il terrore di ragni, serpenti o altro, ma saperci convivere. Conoscere. A me fanno ridere quelli che hanno il terrore di una natrice o di un ragno vespa e poi li vedo raccogliere bacche, funghi o erbe sbagliate, eppure quanti ce ne sono? Quanti sono gli intossicati ogni anno? Sono molti di più i ricoverati e morti per funghi di quelli ricoverati o morti per vipere e ragni.

IL MIO LUNGO VIAGGIO

"Non si riceve la saggezza, bisogna scoprirla da sé, dopo un percorso che nessuno può fare per noi, né può risparmiarci, perché essa è una visione delle cose."

Marcel Proust

Spesso mi chiedono cosa penso della caccia e della pesca e per me è più facile e naturale parlare di pesca, visto che l'ho praticata per molti anni, anche agonisticamente. La caccia la conosco poco anche se conosco molti cacciatori e ho spesso discusso e ragionato con loro. La persona che sono oggi, ha sicuramente molto da ringraziare alla pesca. La pesca, più corretto sarebbe parlare di molti generi di pesca è, come succede con molte cose, influenzata dalla persona che la pratica. Non sto parlando di pesca con pescherecci e ovviamente non di pesca a strascico o altre cose simili, sto parlando di pesca con la canna. Ho iniziato a pescare nei fossi e negli stagni vicini a casa nei primi anni '80, avevo 7-8 anni e con un amico poco più grande di me, andavamo con delle vecchie Graziella, biciclette che da decenni non si vedono più, a passare i pomeriggi lungo questi fossi. Abbiamo frequentato quell'ambiente fino ai 14 anni, quando grazie ai motorini Ciao, potevamo andare a pescare in posti più distanti. Quello che resta oggi di quella zona paludosa, una torbiera, è diventato un piccolo biotopo. Il resto purtroppo è stato sfruttato per l'estrazione della torba e molti di quei fossi oggi non ci sono più.

Le mie giornate estive o i pomeriggi dopo scuola, li passavo con la canna da pesca in mano e solo il ghiaccio poteva fermarmi; pioggia, freddo o caldo africano non erano di certo un ostacolo ed è proprio questo stare nella 'palude', insieme all'andare per boschi con il mio papà, che mi ha fatto conoscere e poi ammirare la natura. Per un bambino prima e ragazzino poi, queste uscite erano un continuo conoscere, apprendere e studiare. In mezzo a quei canneti, ho conosciuto le specie di pesci, di anfibi, di uccelli, di rettili, di insetti, ragni, molluschi e piante. Durante quell'infanzia, priva di internet, smartphone e soprattutto Google, le informazioni le prendevo dalle mie personali osservazioni e dai libri naturalistici e di scienze che leggevo avidamente a casa; altra fonte di sapere erano i documentari e le trasmissioni come Quark.

La pesca che praticavo era fatta di attesa, questi fossi e stagni erano ricchi di ciprinidi: carpe (Cyprinus carpio), tinche (Tinca tinca), scardole (Scardinius erythrophthalmus), cavedani (Squalius cephalus), triotti (Rutilus aula) e alcuni anche di sanguinerole (Phoxinus phoxinus), nelle lunghe attese è normale osservare tutto ciò che ti circonda. Ho imparato a conoscere molti uccelli, dai più comuni fringuelli, verdoni, tordi, pettirossi, cince e merli, ai più rari come la cannaiola (Acrocephalus scirpaceus), il martin pescatore (Alcedo atthis) e avevo scoperto che anche questi ultimi due, come le rondini, erano stagionali e ho visto per la prima volta le bellissime gallinelle d'acqua (Gallinula chloropus). Ho scoperto, e ancora non so la causa, che alcune rane (non ricordo la specie) erano attratte dai galleggianti di colore rosso e il loro continuo saltargli sopra mi aveva costretto ad usarli neri o bianchi in alcune stagioni dell'anno. Ho capito che le libellule sono diverse dalle damigelle osservandole sostare proprio su quei galleggianti, avevo notato che la posizione delle ali a riposo è diversa. Quei pomeriggi mi fecero conoscere i gerridi, gli insetti pattinatori, che nella mente di Mirko bambino ricordavo come il miracolo di Gesù; le nottonette, fantastici insetti che nella mia mente vivono in un mondo capovolto.

Scoprire il nome di quegli insetti, ma anche di altri animali, non era affatto facile come oggi. Dovevi trovare il libro giusto in biblioteca, mica in rete, sperando lo avessero. Le classiche enciclopedie per bambini e ragazzi, avevano spesso solo gli animali più comuni o più belli. Rimanevo deluso, quando il mio maestro di scienze delle elementari, nonostante le mie più disperate descrizioni, non riusciva a identificare gli animali di cui gli raccontavo (sempre che li conoscesse). No, non era come oggi, che fai una foto con il cellulare, la metti su Google o su qualche app, e compaiono immagini simili e capisci di che specie si tratta. Non c'era Facebook con i gruppi dedicati di esperti per le identificazione ed era un arrangiarsi continuo.

Ricordo le sanguisughe e le lumache d'acqua prese con il retino e tenute nei vasetti per poterle osservare, i ratti che la sera si muovevano veloci e furtivi lungo i fossi, qualche coppia di germani che ogni anno si ripresentavano.

Proprio allora e in quei posti, cominciai ad avere il terrore per i serpenti, che non conoscevo, paura che mi venne inculcata per pura ignoranza da molti pescatori adulti che vedevano vipere ovunque. Furono tutte esperienze che portarono un giovane e curioso Mirko a informarsi; il primo libro sui serpenti me lo regalò mio zio Beppino, comprato ad una bancarella a Trento, poi ne seguirono molti altri. La mia paura è scomparsa velocemente anzi, sono decenni che oramai li trovo affascinanti. Negli anni alla pesca ai ciprinidi si è aggiunta quella ai predatori, sia di torrente che di fiume e lago e così studiai i salmonidi (trote e salmerino alpino), esocidi (luccio) e percidi (persico reale) tutti pesci che si nutrono sia di invertebrati che di vertebrati e infine anche quella ai temoli (Thymallus thymallus), un salmonide ma con una dieta a base di insetti e invertebrati.

La pesca mi ha insegnato il ciclo biologico delle varie specie di pesci, con i loro ritmi che cambiano in base alle stagioni e con la temperatura dell'acqua, ma anche con la presenza o assenza delle loro prede e dei loro alimenti in generale. Vedere i pesci bollare, azione che corrisponde alla cattura di una preda (invertebrato) a pelo d'acqua, non è solo uno spettacolo, ma ti fa capire quali insetti sono presenti e quando (la stagione e gli orari).

La pesca a mosca, sommersa e non, insegna molto a chi ha voglia di studiare e conoscere la natura. Non è assolutamente un caso che alcune mosche artificiale (imitazioni di vari insetti costruite con l'utilizzo di piume, penne, e altri materiali colorati) funzioni meglio di altre in alcuni periodi dell'anno ed ore della giornata. La pesca, per quanto sia una sfida condita di istinto, furbizia e intelligenza, fra l'uomo e la sua preda, non avrebbe per me quel sapore se non avessi capito la biologia, l'ecologia e l'etologia delle mie prede. Tutte le volte che tornavo a casa senza cena, mi chiedevo cosa non avessi capito del mio sfidante, e nella mente di ragazzino mi chiedevo se la giornata fosse finita uguale anche per lui; senza aver mangiato un insetto o un pesciolino più piccolo. Crescendo, la mia passione non è scemata, era cambiato il mio modo di vedere la pesca in generale.

La mia passione per l'ecologia mi ha fatto riconoscere molte cose che non mi piacevano. Dai tempi di chiusura per la frega troppo ridotti, alla semina di specie alloctone spesso invasive, dall'utilizzo di ami con uno o più ardiglioni, all'uso indiscriminato di pastura. La pesca regolamentata a dovere farebbe molto meno danno del rilascio di alcune specie, anche quello delle specie autoctone non va bene perché è la prova schiacciante che il torrente o lago non è più in equilibrio, sottraiamo più pesce di quello che la specie è in grado di riprodurre. Sono queste le cose che mi fanno pensare che se lo scopo è solo quello di divertirsi a pescare e riempire il freezer, tanto vale ridurre la pesca ai laghetti artificiali, senza possibilità di sbocco in altre acque (fiumi e torrenti), dove si può seminare e pescare di tutto senza devastare o inquinare con altri alloctoni le acque pubbliche. Di danni ne abbiamo fatti già fin troppi. Per quello che ho potuto vedere e osservare nella caccia, la situazione è molto simile. Anche lì ci si lamenta dei concorrenti (cormorani e aironi gli uni, lupi e volpi gli altri), anche lì il propagarsi di animali invasivi e alloctoni è solo la conseguenza di errori propri e anche lì lo squilibrio è palese visto il rilascio di animali, esempio i fagiani.

Ma se oggi so molte cose, se ho una sensibilità che non tutti hanno per questi argomenti, lo devo alla pesca, non di certo al pallone, ai videogiochi al girovagare in paese dalla mattina alla sera. Ricordo le notti di luglio e agosto a pescare carpe e tinche. Non avevamo ancora la patente ed era impossibile portare tutta quella attrezzatura, la tenda, il cibo e le torce in motorino. Ci facevamo portare dai genitori di uno e riprendere al mattino dai genitori dell'altro. Non esistevano telefonini e passavamo da soli tutta la notte in riva al lago, un disco nero davanti a noi e il bosco con la sua vita notturna alle spalle. È stato così che ho sentito i primi rapaci notturni e anche allora non riuscivo a identificarli, non c'era mica Youtube! Non trovai nemmeno un audiolibro a riguardo e solo recentemente scavando nei ricordi e grazie alla tecnologia so che uno era sicuramente un allocco.

Una notte un cervo si avvicinò al lago per bere, nella poca luce della luna riuscimmo a vedere solo il suo profilo a una cinquantina di metri. Nel silenzio della notte però ogni rumore è amplificato e a noi il rumore del suo passo sembrava vicinissimo.

Un altro fantastico animale che ho conosciuto grazie alla pesca è un piccolissimo insetto che nella sua fase larvale vive nei torrenti, il tricottero. La sua caratteristica è che le larve si costruiscono in una specie di astuccio, amalgamando dei piccolissimi sassi e altri materiali con della secrezione sericea (simile alla seta) da qui il loro nome comune di 'portasassi'. Alcune specie producono astucci anche grandi 6-7 cm, ma quelle che vedevo io erano al massimo 1 cm. Questi insetti sono un importante nutrimento per i pesci e successivamente, con lo sfarfallamento, anche per uccelli e pipistrelli. Le ore passate seduto su un masso, su di un tronco o semplicemente a terra, potevano essere molto varie. Non erano rare le giornate dove il galleggiante, o la punta della canna quando praticavo la pesca di fondo, rimanevano immobili per ore e ore. Quei lunghi periodi di attesa erano occasione per lunghi e spesso ingarbugliati ragionamenti. Passavo dal tentativo di capire la causa di questa momentanea sconfitta, a mille altre riflessioni su tutto ciò che mi circondava; anche perché, il fatto che i pesci in quel momento non predavano la mia esca, non significava per forza che non stessero mangiando altro. Quindi mi concentravo ancor di più su tutto il resto ed era proprio questo che fin da piccolo mi ha fatto capire che tutta quella quiete e tranquillità era solo apparenza. Vedevo piccoli alberi storpi, seppur vecchi, sotto alberi grandi e rigogliosi, vedevo bruchi e lumache acquatiche che si cibavano di arbusti e piante acquatiche, un ragno crociato (Araneus diadematus) che nella sua bellissima ragnatela si gustava un insetto, delle rane che in immobile attesa aspettavano qualche moscerino, un serpente che si scaldava al sole dopo un lungo bagno a caccia di chissà chi, ho visto lucci in attesa, Martin pescatori tuffarsi come dei missili su dei pesciolini distratti, una poiana portarsi via un topo selvatico, delle larve di ditisco predare girini e molto altro. Era tutto un mangiare ed essere mangiato. La natura era quella e quindi non mi sentivo di certo fuori posto a pescare e a mangiare le mie prede, nel mio modo di vedere le cose tutti usavano le loro armi migliori, chi nuotava più veloce, chi si mimetizzava, chi volava fra stretti arbusti, chi in picchiata dall'alto, chi sfruttava l'agguato, altri la ricerca, alcuni il veleno per uccidere, altri per non essere mangiati, anche le piante che non possono scappare hanno le loro difese e lo ricordo bene da quella volta che in piena notte finii fra le ortiche in pantaloncini. Ma le piante possono anche essere coriacee, amare o tossiche, avere dardi (aculei) o spine e io cosa usavo? Il sapere che accumulavo grazie a osservazioni e studio, le esperienze e la tecnologia della nostra specie.

Nella mia vita ho visto veramente tante predazioni, di ogni tipo e di tantissime specie diverse e posso dire che sono veramente rare quelle veloci e quasi prive di sofferenza come quelle messe in atto dall'uomo con la sua tecnologia odierna. Un animale sbranato da vivo, soffocato, avvelenato, ingoiato vivo o immobilizzato e paralizzato soffre di più di un pesce che prende una botta in testa o un mammifero quando viene colpito da un proiettile, ma anche se dovesse soffrire o rimanere ferito, cosa cambia dai suoi naturali scontri e la conseguente, naturale, morte? Il rammarico dovrebbe essere uno, quello che nonostante il nostro sapere e la nostra tecnologia, non siamo riusciti a evitargli la naturale sofferenza di una classica predazione. Quello che invece non mi tornava, fin da ragazzino, era che si potesse uscire da quell'equilibrio tanto naturale, seppur doloroso, che esiste da sempre fra prede e predatori. Quell'equilibrio che permette ad entrambi di esistere.

Quando calano troppo le prede, diminuiscono anche i predatori e il calo dei predatori porterà ad un conseguente aumento delle prede che favorirà un nuovo aumento dei predatori; ma se invece eliminiamo completamente il predatore l'aumento sproporzionato delle prede le porterà automaticamente ad un consumo eccessivo dei loro alimenti e la concentrazione eccessiva della specie stessa porterà a malattie.

Non possiamo cancellare una nicchia ecologica e pensare di non creare conseguenze disastrose, è come un domino, anche se non lo vediamo, non lo capiamo o facciamo finta di non vederlo pensando di poterci sostituire ai vari attori. È qui che l'uomo sbaglia, anzitutto predando più di ciò che è sostenibile e poi, ulteriore grave errore, riducendo l'habitat delle sue prede. Proprio questo è il motivo per il quale si seminano (rilascio di pesce nei fiumi) e si rilasciano le nostre prede ed è sempre questo il motivo per il quale non si vogliono altri competitor, come lo sono i grandi carnivori.

Questo astio verso i grandi predatori infatti, non è solo causato da un possibile pericolo per gli umani, spesso la causa è il fatto che sono competitor nella caccia e nella pesca. In passato i grandi uccelli rapaci, la lontra, la lince e altri, sono spariti e non perché fossero un possibile pericolo per l'uomo, ma per la competizione per le stesse prede.

Queste cose le ho notate fin da piccolo e sono diventate sempre più palesi nel tempo, quando vedevo altri pescatori, giovani o adulti, che interpretavano la pesca in modo totalmente diverso dal mio: "io pago la licenza e quindi esigo tot pesce" non mi rappresenta, queste richieste senza mai chiedersi quale sia il vero motivo del calo di pesce. La colpa è sempre di qualcun altro, prima i gabbiani e le bisce d'acqua, poi i persico sole (Lepomis gibbosus) e i siluri (Silurus glanis), ma chi ce li avrà messi i persici sole e i siluri?

Ora i colpevoli sono cormorani e aironi.

Delle acque inquinate, delle dighe, del dragare in pieno periodo di frega, dei periodi di divieto striminziti, della quantità non sostenibile dei praticanti, dell'immissione di alloctoni anche di salmonidi e altro, non si lamentano mai. La differenza fra concepire la pesca come una tessera facente parte della natura e l'egocentrismo di fanatici affetti da protagonismo e onnipotenza. Crescendo mi sono reso conto che eravamo tantissimi e ora, da adulto, che siamo decisamente troppi. Il nostro sapere non ha solo migliorato la nostra attrezzatura da pesca e caccia, ma ci ha fatto passare in poco tempo da 1 miliardo nel 1800, a 2 miliardi nel 1927, a 4 miliardi nel 1974 quando sono nato, a 8 miliardi 50 anni dopo nel 2024 e si stima un rallentamento solo dal 2050.

La scienza, con i progressi in campo medico, agricolo, zootecnico e tecnologico ci ha permesso e permette, una crescita demografica drogata. In natura gli equilibri preda-predatore di cui parlavo prima non sono innati, ma una causa, esistono cicli che dimostrano che quando una specie raggiunge numeri troppo elevati essa viene ridotta o a causa dell'incapacità di sostentamento o per lo scoppio di epidemie; ed è quello che succederà a noi. Non potremo solo aumentare i terreni agricoli o le *fabbriche* di carne, non sempre troveremo il vaccino o il farmaco giusto. Molti dicono che gli altri animali si regolano grazie ai territori, che non diventano mai troppi. Io mi chiedo cosa vuol dire troppi. Ogni specie animale si moltiplica fin tanto che c'è la possibilità di alimentazione, dove sta la differenza con noi? I maschi, le famiglie, le colonie, non combattono per il territorio? Noi cosa facciamo? Siamo in guerra da sempre, territori che naturalmente non sono in grado di sostenerci lo diventano grazie al doping dell'agricoltura e della zootecnia.

Ma quanto durerà? Di nostro e di non tipicamente naturale, abbiamo aggiunto cultura ed etica. Con questo non intendo la più semplice cultura di alcune specie animali che ricordano più un apprendimento sociale, seppur complesso e molto interessante da studiare grazie ad una trasmissione che si può chiamare culturale. Quindi siamo tutti, bene o male, territoriali, abbiamo le nostre reti trofiche, la nostra nicchia ecologica e combattiamo per tutto questo; con la differenza che noi abbiamo una tecnologia, che chiamarla avanzata è riduttivo, che ci permette di andare e vivere oltre le nostre reali possibilità e purtroppo sembra che ad accorgersene siamo in pochi. Questo nostro sapere ci ha portati ben oltre, noi non combattiamo più solo per favorire il nostro genoma, per proteggere la nostra tana-nido e per gli alimenti, come succede negli altri animali; noi combattiamo e distruggiamo la natura per i nostri capricci. Qualcuno mi dirà che anche noi, alla fin fine, facciamo di tutto e vogliamo tutto solo per dominare, per essere il maschio o la femmina alfa, o almeno beta o male che vada gamma o delta; ma secondo me, almeno per le cose che contano veramente, alla fine rischiamo di ritrovarci quasi tutti come degli omega.

In natura siamo tutti prede o predatori, spesso entrambe le cose e questo va oltre l'interspecifico, va oltre i vari regni. La cosa che mi fa sorridere è che la coscienza, questa percezione che spesso limitiamo ai soli esseri umani, sembra assente proprio nell'uomo. La coscienza dovrebbe comprendere la capacità di individuare i confini da non superare, ma invece ne sembriamo privi o egoisticamente incapaci. Siamo tutti attori dello stesso film ed è forse proprio la consapevolezza che ci illude di essere consapevoli quando nella realtà c'è solo la consapevolezza di non essere consapevoli. No, ripeto, per me non è nella pesca e nella caccia il problema, ma la nostra poca conoscenza dell'ecologia e il nostro egoismo. Un altro grosso problema che ho notato, è che quando mi ritrovo, anche da solo in mezzo alla natura, è veramente difficile stare lì, in silenzio e non pensare. Invece di osservare e godermi il risultato di miliardi di anni, vengo ripetutamente distratto dalla mia curiosità ed ignoranza. Osservo, noto, interpreto, analizzo, non capisco, confronto, prendo nota, correggo, mi demoralizzo, mi esalto, mi distraggo. È veramente difficile tenere la concentrazione con tutto quell'ignoto spettacolo davanti a sé, è una continua rincorsa al capire.

Dei tanti ricordi della mia infanzia da pescatore uno in particolare lo conservo gelosamente. In un lento fiume che attraversa l'enorme distesa di meleti tipici dell'agricoltura locale, c'era un enorme cavedano che superava abbondantemente il chilogrammo e mezzo di peso. Lo conoscevo da sempre, da quando avevo iniziato a pescare ed era una leggenda locale. Ne parlavano tutti i vecchi della zona e tutti raccontavano che non abboccava a nessun'esca. Questo fiume lento, largo una decina di metri, aveva sempre un'acqua limpidissima, era ricco di trote e di piante acquatiche. Scorreva fra due argini alti e ripidi, e se ti trovavi su uno di essi, l'acqua scorreva tre metri sotto di te. Questo cavedano, che doveva averne viste veramente tante, era sempre all'erta e snobbava ogni esca. Per due o tre anni le avevo provate tutte ed ero arrivato alla conclusione che vedesse la lenza. Ero sceso fino allo 0,12 cambiando diversi colori, ma nulla. Ero sicuro che scendendo ancora avrebbe abboccato, ma sapevo che con un 0.10, con tutte quelle piante acquatiche, non sarei mai riuscito a portarlo a riva. Avrebbe spezzato tutto, la frizione non sarebbe stata d'aiuto, gli avrebbe solamente permesso di infilarsi nella vegetazione. Per di più i fili di 35

anni fa non erano quelli di oggi e di notte la pesca era vieta-
ta, il buio non poteva essermi d'aiuto. Osservai giorni interi
questo re, per mesi e anni. Spesso arrivavo tardi e così osservavo altri pescatori tentare la fortuna, scrutavo le loro
mosse e le contromosse del cavedano. Quello che avevo capito in fretta era che si trattava di un pesce territoriale, so-
stava sempre nella stessa zona, in un raggio di 15 m. Solo
in maggio-giugno lo vedevo sparire e credo fosse a causa
del periodo di frega. Un'altra cosa che notai era che in base
alla stagione, ed ogni tanto all'orario, preferiva una buca fra
le piante acquatiche ad un'altra. Non ne sono certo, ma forse la profondità o correnti diverse potevano provocare un
cambio della temperatura. Sta di fatto, che in piena estate e
a pranzo, era in una buca; di sera, in primavera e in autun-
no, in un'altra. Due buche comunque vicine, a circa 6 metri
l'una dall'altra, una più centrale e l'altra più vicina all'argine.
Una mattina presto, in agosto, dopo una notte tempestosa,
mi recai al fiume per pescare trote. L'acqua, a causa del for-
tissimo e prolungato temporale era stranamente sporca,
quasi caffellatte, cosa rara in questo fiume, che avevo di ra-
do trovato velato e solo in primavera, quando le nevi inizia-
vano a sciogliersi sulle montagne vicine. Abbandonai l'idea
di pescare a mosca sommersa e cercai lombrichi, semplice,
vista l'abbondante pioggia notturna. Il lombrico poteva essere l'esca giusta per le trote in quel momento. Mentre sca-
vavo con un bastone mi venne in mente un'idea: e se il cavedano fosse nella sua solita buca?
L'acqua non mi permetteva di individuare le buche, ma anni
di osservazione erano state utili. Sul mulinello avevo un
0,16 e decisi di lasciarlo anche come finale. Montai una
montatura da pesca al tocco e sul piccolo amo infilai un
lombrico. Con la canna, una 7 m, cercai la buca, quella di

quando fa più fresco, l'acqua anche per via della pioggia, doveva essere bella fresca. Al primo tocco, sentii uno strappo talmente forte che afferrai immediatamente la canna, non c'era bisogno di aspettare altro. Il resto è stato una scarica incredibile di adrenalina, la canna lunghissima e pesante paragonata a quelle di oggi, al Mirko ragazzino sembrava pesare un quintale, difficilissima da gestire per la lunghezza e per il peso del pesce; il terrore di spezzare il filo, il dubbio se fosse lui o una grande trota, la paura di scivolare dall'argine, tutto ciò mi faceva tremare come una foglia. Sapevo che se gli avessi dato filo l'avrei perso, e puntavo tutto sulla flessibilità della mia Maver e sull'elasticità dello Smart TT. Lentamente scesi lungo la scarpata fino a ritrovarmi con le scarpe bagnate dal fiume. Dopo una ventina di minuti che a me erano sembrati ore, con la canna dritta verso il cielo accompagnai il pesce che ora potevo finalmente vedere verso il mio guadino. Era lui e io continuavo a tremare, un po' per lo sforzo di muscoli che non sapevo di avere, un po' per l'agitazione. Non c'erano cellulari per fotografare l'impresa e forse è questo il motivo che è ancora stampato nella mia memoria come se fosse davanti a me. Il cavedano, già al tempo non mi interessava come nutrimento, troppo pieno di lische e non una delle mie carni preferite, per di più ormai era un amico, per me era come aver sconfitto il mio migliore amico a tennis o a calcio. Quell'amico più forte, che spesso ammiri, che forse ogni tanto invidi, dal quale impari e con il quale cresci. Questa volta però avevo vinto io, e non importava se le precedenti mille lui. Non era una vendetta, ma la consapevolezza che dopo tanto tempo, dopo tante sconfitte, dopo tante lezioni, il più furbo, intelligente e forte ero stato io. Lo slamai e lui tornò nel suo regno. Tornai spesso a osservarlo, a osservare altri pescatori nei loro inutili tentativi. Un pomeriggio di ottobre o novembre, presi il mio Ciao e tornai a cercarlo, quando arrivai, due ragazzi sui vent'anni stavano pescando proprio nella sua buca e un anziano li stava osservando. Mi avvicinai e osservai la loro tecnica poco convinto di un loro successo. Ascoltai anche i loro discorsi e quando il vecchietto disse: "Quello non lo prenderà mai nessuno" ingrassai in silenzio di 20 kg, 20 kg di orgoglio! Avrei voluto dire molte cose, ma decisi che la leggenda del re non andava rovinata, aveva solo avuto una giornata storta.

Sì, la pesca mi ha permesso di osservare, studiare e conoscere molti animali e molte cose sull'ecologia, ma non solo, credo che principalmente mi abbia permesso di conoscere meglio me stesso. Mi ha costretto a rovistare nel mio sapere, ad affrontare insicurezze e sicurezze, ad accettare sconfitte e a non esaltarmi per una vittoria.
Forse bisognerebbe tornare alle origini, una volta si studiavano e conoscevano gli animali per poterli cacciare, ora si studiano per poter ottenere una licenza per cacciarli. Non è proprio la stessa cosa. Ormai non pesco quasi più, faccio fatica anche a portarci mio figlio, ed è triste, visto tutto ciò che ha insegnato a me. Ma non ci sono più quei posti selvaggi dove ho iniziato io, c'è un minuscolo biotopo e la zona, dopo l'estrazione della torba, è diventata un centro sportivo. Loro, orgogliosamente, la chiamano bonifica, io un enorme peccato, era una delle poche aree umide rimaste, rifugio per tantissime specie di uccelli, artropodi, anfibi e altro.
Sono stato fortunato, ho avuto un'infanzia libera, non da regole sia chiaro, oggi sarebbe quasi impossibile. Quelle giornate e quelle notti in mezzo alla natura a cercare la mia strada, non hanno veramente prezzo per me.

CONCLUSIONE

"Nella vita non c'è nulla da temere, solo da capire. Ora è tempo di capire di più, così possiamo temere di meno"
Marie Curie

A cosa possono essere utili tutte queste mie osservazioni e riflessioni? A cosa serve la capacità di osservazione? Giovano a saper interpretare in modo più complessivo, complesso e corretto la realtà che è davanti ai nostri occhi e vale per qualsiasi situazione e in qualsiasi campo, non solo quello ecologico. La capacità di osservazione e di fare collegamenti complessi, fra situazioni che spesso ci sembrano molto distanti fra loro, ci aiuta a non cadere in facili conclusioni di comodo e a riconoscere false ricostruzioni che, per ignoranza o interesse, qualcuno cerca di imboccarci. Per una conclusione onesta e realistica bisogna conoscere tutti gli interpreti, conoscere il loro ruolo, le loro storie e interazioni e non soffermarsi su quelle di comodo, per piacere estetico personale, per utilità personale o per facilità di studio. Le mie osservazioni sono reali, le mie conclusioni, le risposte alle mie tante domande sono solo una mia personale interpretazione dell'osservato.

Posso solamente garantirvi di averci messo del tempo, tanto tempo, a osservare e studiare il quadro. Ma come ripeto sempre, una cosa è leggere e osservare, un'altra capire.

Amo il bosco e la montagna e mi dispiace vedere come piano piano vengano egoisticamente trasformati. Se è vero che in molte zone il bosco si sta riprendendo i suoi territori a causa dell'abbandono dei prati, malghe e paesi di montagna, in altre zone, dove si è deciso di puntare tutto sul turismo, le montagne vengono violentate e distrutte di continuo. Ormai è un dato di fatto, in montagna non si vive più di montagna, ma di infrastrutture turistiche, appartamenti vacanza, pista da sci, fondo e discesa, impianti di risalita per ristoranti in quota, di piste da mountain bike e molto altro.

Penso agli antenati dei proprietari immobiliari odierni e mi chiedo cosa li avesse portati lì, in quei posti difficili, lontani e scomodi. Se quella solitudine e quelle grandi difficoltà venissero ripagate dallo splendore che solo la natura selvaggia sa dare grazie ai suoi frutti; che nonostante il sudore, le lacrime e la paura di non farcela, restano unici. Chissà cosa direbbero oggi, se fossero teletrasportati in una malga trasformata in un ristorante rumoroso e raggiunto in seggiovia, anche da chi in vita sua non ha mai camminato, vissuto o capito, il bosco e la montagna. Probabilmente direbbero: "Bravi, non fate la fame come abbiamo fatto noi", ma resto anche convinto, che cercando il panorama che hanno tanto amato, qualche imprecazione la esclamerebbero.

Mirko Maccani

"I misteri, per quanto minuscoli, sono affascinanti, perché c'è sempre la possibilità che, svelandoli, si arrivi a un cambiamento fondamentale della nostra comprensione del mondo."
Jim Al-Khalili

"La fondamentale differenza fra guardare e vedere."
Mirko Maccani

RINGRAZIAMENTI

Ringrazio Kathrin per il sostegno continuo e i miei figli, Ava e Nicolas, per le continue loro domande che mi stimolano a cercare sempre nuove risposte.

Ringrazio Andrea Avagnina per le sue meravigliose foto che mi ha concesso di utilizzare.

Ringrazio (in ordine alfabetico) Jonny R. Ferrari, Roberto Macario, Tomas Tamburi per i numerosi, utili e costanti confronti.

Ringrazio Antonella Scalise de "Il volo delle farfalle" e Nicola Bergamaschi, fondatore di Edizioni We per l'aiuto nella realizzazione e pubblicazione di questo mio nuovo scritto.

NOTE SULL'AUTORE

Mirko Maccani, altoatesino, fin da piccolo si appassiona all'ambiente che lo circonda ed inizia così un percorso di conoscenza che lo spinge a numerosi studi e a numerose escursioni, dapprima in solitaria, poi con i figli, alla scoperta della natura.

L'intento della sua opera è far conoscere, attraverso libri e reti sociali, le meraviglie di questo mondo.

ALTRI LIBRI DELL'AUTORE

- *NEL BOSCO (Ed. We)*
- *IM WALD (Ed. We)*
- *LA BIODIVERSITÀ A CASA (Ed. We)*

I libri sono disponibili sul sito di Edizioni We, su Amazon, nelle principali librerie online e, su ordinazione, nei negozi specializzati.

Per seguire l'autore:

Instagram e Facebook
mirko.and.the.forest.wildlife

Sito
www.mirkomaccani.it

INDICE